本书受贵州省哲学社会科学创新工程资助出版

贵州省社会科学院甲秀文库

绿色转型背景下的
社会生态抗逆力研究

Research on Social-Ecological Resilience in the
Context of Green Transition

蒋楚麟 著

经济管理出版社
ECONOMY & MANAGEMENT PUBLISHING HOUSE

图书在版编目（CIP）数据

绿色转型背景下的社会生态抗逆力研究 / 蒋楚麟著.
北京 ：经济管理出版社，2024. -- ISBN 978-7-5243
-0055-7

Ⅰ. Q988

中国国家版本馆 CIP 数据核字第 2025EP2124 号

组稿编辑：白　毅
责任编辑：白　毅
责任印制：张莉琼
责任校对：蔡晓臻

出版发行：经济管理出版社
　　　　　（北京市海淀区北蜂窝 8 号中雅大厦 A 座 11 层　100038）
网　　　址：www. E-mp. com. cn
电　　　话：（010）51915602
印　　　刷：唐山玺诚印务有限公司
经　　　销：新华书店
开　　　本：720mm×1000mm/16
印　　　张：13
字　　　数：248 千字
版　　　次：2025 年 3 月第 1 版　　2025 年 3 月第 1 次印刷
书　　　号：ISBN 978-7-5243-0055-7
定　　　价：98.00 元

贵州省社会科学院甲秀文库
出版说明

　　近年来，贵州省社会科学院坚持"出学术精品、创知名智库"的高质量发展理念，资助出版了一批高质量的学术著作，在院内外产生了良好反响，提高了贵州省社会科学院的知名度和美誉度。经过几年的探索，现着力打造"甲秀文库"和"博士/博士后文库"两大品牌。

　　甲秀文库，得名于贵州省社会科学院坐落于甲秀楼旁。该文库主要收录院内科研工作者和战略合作单位的高质量成果，以及院举办的高端会议论文集等。每年根据成果质量数量和经费情况，全额资助若干种著作出版。

　　在中国共产党成立 100 周年之际，我们定下这样的目标：再用 10 年左右的功夫，将甲秀文库打造为在省内外、在全国社科院系统具有较大知名度的学术品牌。

贵州省社会科学院

2021 年 1 月

序

　　随着中国经济的高速发展，大气污染尤其是以"雾霾"现象为典型代表的环境问题，逐渐演变为我国面临的一个严峻环境挑战。地理毗邻与空气流动使大气污染呈现区域性特征，其中，京津冀地区的大气污染问题尤为突出。在此背景下，"打赢蓝天保卫战"对于推动京津冀地区的协同发展具有深远的现实意义和战略价值。自2007年以来，为应对大气污染，北京周边省份开始大规模关停高污染、高能耗的企业，此举对于改善环境质量具有积极作用，也对那些在上述企业中就业的个体产生了显著影响。

　　本书以昔日的水泥产业重镇Y镇为案例，探究了在经济结构转型和环境治理的双重背景下，Y镇在摒弃了作为当地经济支柱的水泥产业之后，受影响群体对困境的适应及应对过程。本书是一项基于长期追踪式田野调查的质性研究成果，时间跨度为2015～2021年。在此期间，笔者采用深度质性访谈和参与式观察的研究方法，对Y镇所辖的4个村庄10位农民及其家庭成员进行了重点追踪，旨在洞察他们在环境规制实施和绿色转型不同阶段的应对策略与适应过程。本书的研究目的如下：首先，在真实的时空环境下，对受影响群体在不同层面与各种保护因子的交互作用下进行长期关注。其次，将受影响群体置于一个压缩的社会生态系统——"绿色转型多元交流会"中进行近距离观察，探究他们的抗逆过程、结果和抗逆力的生成机制，进而探索提升受影响群体抗逆力的有效策略。

　　本书融合社会生态系统理论与生态抗逆力框架，构建了"社会生态抗逆力"概念，并提出了相应的函数表达式，进而阐释了其生成机制。具体而言，本书聚焦于受转型影响的群体在其所处的社会生态系统内，依托自身的优/劣势资源（作为一种个体特质）与环境的互动关系（Person-Environment，P-E）、环境所蕴含的意义系统（Meaning，M）以及涌现的机会结构（Opportunity，O）之间的相互作用，在特定的时间周期内揭示社会生态抗逆力的形成过程和生成机制。不同于基于个体特质优势的抗逆力理论研究，本书的社会生态抗逆力概念更加强调个体所在的社会生态系统在抗逆力构建中的重要作用。同时，区别于基于整个复杂系统的生态抗逆力理论研究，本书先对抗逆力进行系统内部的分层观察（分为微观、中观和宏观三个层次），然后再对各个层次的抗逆结果进行叠加呈现。此外，本书将逆境时间作为一个关键系统因子予以明确，旨在识别在重要时间节点和过程中发生的抗逆力行为，从而赋予社会生态抗逆力动态性和过程性的特征。

在微观层面上，社会生态抗逆力通过个体所拥有的资源和性格特质得以体现。具体而言，土地、储蓄、家庭劳动力等显性资源成为个体抵抗逆境的物质基础，而诸如积极的自我概念、自力更生的乐观精神、坚忍不拔的意志以及高度的自我效能等隐性资源，则组成了个体抵御逆境的强大意义系统。个体与微观层面具有高度的融合和不可剥离性。上述显性和隐性资源极具个体性，且它们是内生的，表现出强烈的动力性和动态性，共同形成了受影响群体的内生动力机制。在中观层面上，社会生态抗逆力是由个体所生活的村庄和工作的企业（包括已经拆除但仍有影响的水泥企业以及村庄附近现存的工厂）共同激发的。村庄提供的公共服务和生活空间为村民提供了基本的生活保障，企业为村民提供可支配收入，二者一起构成了受影响群体抵抗逆境的近端保护机制。在宏观层面上，虽然个体与以政府为核心的宏观系统内诸因子的直接互动减弱，但一种重要的间接互动关系得以显现，即围绕"提供就业"和"获得转型专项补贴"等议题而形成的"政府—企业—受影响群体"互动。宏观层面再次扮演了一种类似于物理学中"场"的功能，形成了个体抗逆力的外部支持机制，其中，个体特质（拥有的优劣势资源）的影响相对降低。因此，关注和强调个体所处的环境对于他们摆脱逆境具有非常重要的启发意义。微观、中观和宏观层面的社会生态抗逆力产生的三种机制，共同塑造了受影响群体的适应结果。这些适应结果的水平高低取决于三个层面为个体提供可及且可用资源的匹配程度，呈现适应不良而衰退模式（A模式）、低水平适应模式（B模式）、适应模式（C模式）、抗逆后转换模式（D模式）的连续谱趋势。本书调研的受影响群体的适应结果主要位于低水平适应到适应的区间，即介于B模式和C模式之间。

基于对绿色转型多元交流会的实践探索，本书提出了一种增强受影响群体抗逆力的策略框架。该框架主张通过加强整个社会生态系统各层际之间的互动以及完善抗逆过程中的机会结构和意义系统，进而改善受影响群体所处的社会生态环境，特别是通过强化近端保护和外部支持机制，提升受影响群体抗逆力。具体的政策建议包括：在微观层面，应注重个体拥有的生理、心理和社会禀赋，并在此基础上强化以家庭为单位的能力建设培养。在中观层面，村庄应汲取"强"村的发展经验，推动社区集体经济的壮大，培养社区能人，并结合本地文化习俗，开展多样化的社区群体活动，以动员村民共同参与村庄治理。同时，应积极引导和鼓励企业参与社区发展和治理，促使企业主动承担社会责任，并推动企业与社区建立良好的伙伴关系。在宏观层面，政府应承担好顶层设计的职责，通过探索和实践与社会保障配套的兜底性政策措施，为转型过程中利益受损的群体提供必要且有效的资源保障。此外，通过积极的媒体宣传和报道，为受影响群体提供关爱、理解与尊重，以增强其主观体验支持，营造一个支持性的社会环境。更进一步，应将文化作为一项增强抗逆力的资产，通过提供社会文化支持活动，挖掘和利用地方文化生态系统，增强社区和文化凝聚力的积极作用，从而为提升受影响群体的抗逆力提供文化层面的支撑。

本书对绿色转型政策的思考概述如下：对于受转型影响群体抗逆力的提高，不应仅限于关注个体层面的努力，更应着重考察个体所在的社区、工作场域以及地方政府和社会其他群体等外部力量所提供的支持与保护。本书强调，为个体创造一个更易于适应的环境，需要对逆境中的群体所处的社会环境进行充分的"调整"，以消除那些威胁其发展的不利条件，从而促进个体持续且有效地抵抗逆境。从政策伦理的视角出发，本书主张在制定政策措施和干预行动计划时，必须细致地把握个体与中观、宏观层面各社会主体之间的相互作用。关于这种相互作用的理解对于形成合理的政策至关重要。面对长期的环境与发展挑战，增强对社会生态系统的理解，对于政府机构在地区规划和能力建设项目中的干预工作具有重要意义。这种理解有助于政府机构更有效地设计干预策略，以增强受影响群体的抗逆力，从而推动地区的可持续发展和绿色转型。

目　录

第一章　导论

第一节　环境政策背景

自 2002 年下半年起，我国步入新的重化工业快速发展阶段[1]，其中涵盖了钢铁、水泥、电解铝、电石、铁合金等产业。这一时期，上述产业出现了产能过剩的迹象，且产生了显著的环境问题。针对这一状况，国家随即出台以环境保护和产业结构调整为核心目标的"节能减排"相关政策[2]，旨在严格控制高污染、高能耗（以下简称"两高"）行业的过快增长，以此应对日益凸显的环境挑战，并促进国民经济的可持续发展。自 2004 年起，"雾霾"一词开始在天气新闻中频繁出现[3]，大气污染问题，尤其是雾霾问题及其治理逐渐成为一个社会关注的热点议题。在国家"十二五"规划中，明确提出了"绿色发展　建设资源节约型、环境友好型社会"的宏伟目标，并将生态文明建设提升至与社会主义经济建设、政治建设、文化建设和社会建设（合称"五位一体"）同等重要的战略地位。2013 年 9 月 10 日，国务院发布了《大气污染防治行动计划》（以下简称"大气十条"），确定了十项具体的大气污染防治措施[4]，成为全国范围内的大气污染

---

① 资料来源于国务院发展研究中心网站。

② 节能减排相关政策涵盖了《排污费征收使用管理条例》（2003）、《国务院关于加强节能工作的决定》（2006）、《国务院批转节能减排统计监测及考核实施方案和办法的通知》（2007）以及《中华人民共和国节约能源法》（2018 年修订）等多项法规和政策文件。

③ 资料来源于中国搜索网站。

④ 十项具体措施包括：一是加大综合治理力度，减少多污染物排放；二是调整优化产业结构，推动产业转型升级；三是加快企业技术改造，提高科技创新能力；四是加快调整能源结构，增加清洁能源供应；五是严格节能环保准入，优化产业空间布局；六是发挥市场机制作用，完善环境经济政策；七是健全法律法规体系，严格依法监督管理；八是建立区域协作机制，统筹区域环境治理；九是建立监测预警应急体系，妥善应对重污染天气；十是明确政府企业和社会的责任，动员全民参与环境保护。

防治工作行动指南。中国的政策制定素来以具有多重目标为特征，"大气十条"亦不例外，其旨在实现环境治理、产业体系调整、绿色转型等多重目标。随后，京津冀及周边地区进一步细化了"大气十条"的实施细则，强调了对水泥、钢铁等重点行业污染治理工作的快速推进，以确保大气污染防治行动计划的贯彻落实。

2016 年，《中华人民共和国大气污染防治法》（2015 年第二次修订）的实施，标志着大气污染防治工作在法律层面取得重大进展，该法将大气污染防治的标准、限期达标规划、监督管理、防治措施、重点区域联合防治以及重污染天气应对等关键环节纳入立法管理体系。随后，2017 年 2 月，环境保护部会同其他有关单位出台了《京津冀及周边地区 2017 年大气污染防治工作方案》，将防治范围从京津冀扩展至"2+26"个城市①。同年年底，国家十部门联合制定了《北方地区冬季清洁取暖规划（2017—2021 年）》，明确了北方地区清洁取暖的目标和具体措施，并制定了详尽的时间表和路线图。进入 2018 年，国务院印发《打赢蓝天保卫战三年行动计划》，在"大气十条"的基础上，再度提升大气污染治理的目标。"保卫战"一词的使用，显著体现了中央政府对大气污染治理态度的转变，标志着从渐进性、常规性的治理模式向更具决心、更高优先级的紧急战斗状态的转变，彰显了政府对大气污染治理的坚定决心和紧迫感。与此同时，政府工作报告中亦强调了推进供给侧结构性改革的重要性，指出当前发展中的总量问题与结构性问题并存，而结构性问题更加突出，主张通过改革手段推进结构调整，标志着中央经济工作重心向稳定经济发展速度与调整产业结构转移。2020 年 9月，我国宣布了"碳达峰、碳中和"的国家战略目标②，这不仅体现了我国作为全球最大碳排放国在应对气候变化问题上的大国责任与担当，也展现了我国对绿色转型的战略自信。此举进一步推进了我国产业结构和能源结构的调整，加速了全面转型升级与绿色发展的步伐。

在政策压力下，京津冀地区面临过剩产能化解和大气污染治理的艰巨任务。在此背景下，环境保护和行业绿色转型的压力从国家逐层传导到地方（特别是在河北省，二氧化硫和烟粉尘的排放总量远高于北京市和天津市）。地方政府逐渐由被动转向主动，积极采取行动。例如，河北省围绕化解过剩产能、推动工业减

① 主要任务包括产业结构调整要取得实质性进展、全面推进冬季清洁取暖、加强工业大气污染综合治理、实施工业企业采暖季错峰生产、严格控制机动车排放、提高城市管理水平以及强化重污染天气应对。

② 碳达峰与碳中和目标旨在设定我国温室气体排放的峰值与平衡点，即力争在 2030 年前达到二氧化碳排放的顶峰，并在 2060 年前实现排放与吸收的平衡，从而达到碳中和的状态。

排和产业升级，持续不断地采取举措①，调整产业和能源结构，通过改变地方发展模式以应对压力。2013 年，河北省政府印发了《河北省钢铁水泥电力玻璃行业大气污染治理攻坚行动方案》。2014 年，环境保护部印发《京津冀及周边地区重点行业大气污染限期治理方案》。根据要求，河北省确定了重点治理项目，包括水泥行业的脱硝治理工程。2018 年，河北省政府根据所辖城市及县（市、区）的空气质量排名②，对相应地方政府施行奖惩措施③，以期达到国家设定的指标要求。2021 年，地方政府将空气质量排名"退后十"作为河北大气污染防治的目标任务，并围绕此目标开展相应的专项行动④。中央政府针对地方政府不定期开展环保约谈⑤和专项环保督察⑥，基于此构建了环保压力传导机制，促进了各级地方政府政策执行力度的增强。石家庄等城市甚至在一定时期内采取超常规举措⑦，展开以钢铁、水泥、平板玻璃等重点产业为主的环境规制⑧工作，在此过程中，"两高"企业被大面积整顿和关停。在以"去产能、去杠杆、去库存、降成本、补短板"为重点任务的供给侧结构性改革和环境治理等政策的叠加实施过程中，必然会产生社会、经济和环境效应，受此影响，我国面临"去产能"产业职工的转移和安置问题。

党的十八大以来，中国社会发展呈现日益明显的阶段性特征。一方面，综合国力与人民群众生活水平稳步提高，并历史性解决了绝对贫困问题。另一方面，城乡之间、地区之间和群体之间的发展差距仍然较大，发展不平衡、不充分的一

---

① 例如，河北省针对钢铁、水泥、煤炭和平板玻璃的过剩产能，分别实施了减产 6000 万吨、6100 万吨、4000 万吨和 3600 万吨的举措。

② 2013 年，依据《环境空气质量标准》，环境保护部对全国 74 个城市实施了新的空气质量标准，并对细颗粒物、可吸入颗粒物、二氧化氮、一氧化碳和臭氧等六项污染物的达标情况进行了评价及排名。

③ 2018 年 3 月，河北省委、省政府印发了《河北省城市及县（市、区）环境空气质量通报排名和奖惩问责办法（试行）》，该办法要求根据所辖市、县、区每月的环境空气质量进行排名，并根据排名结果实施财政奖励或惩罚，同时通过媒体发布奖惩情况。

④ 2021 年 11 月，石家庄市开展了公安与环保联合执法专项行动，全面加强大气污染防治和执法监管工作，旨在实现空气质量排名"退后十"的目标。

⑤ 环保约谈是一种规制性政策工具和行政监督过程。

⑥ 环保督察是指政府上级部门通过成立专门工作组，对下级部门环境治理工作进行督促与检查的一种行政行为。

⑦ 超越常规的紧急举措表明，日常的政策已难以解决现有的环境问题。河北省采取的超常规举措包括自 2016 年冬季起相继发布的 1 号和 2 号大气污染防治调度令，以及石家庄政府实施的"利剑斩污"行动。

⑧ 环境规制是指政府为保护环境、实现可持续发展而制定的一系列政策措施和管理制度的总和，旨在规范和引导社会各界的环境行为。

些突出问题尚未解决，其中包括日益凸显的非正规就业群体①的社会保障问题。我国主流的政策和学术界将非正规就业定义为：在劳动时间、收入报酬、工作场地、社会保障和劳动关系等方面，不同于建立在工业化和现代工厂制度基础上的传统主流就业方式的各种就业形式的总称。非正规就业较正规就业而言存在工作流动性强、就业环境风险高、收入不稳定等特征。许多学者针对非正规就业群体展开了大量研究，然而，这些研究大多集中于非正规就业群体中的农民工、女性和大学生群体。

国内现有研究中，城乡流动务工引起经济学、管理学和社会学领域的广泛关注。研究议题主要包括农村向城市迁移对经济发展的贡献、对自身家庭的影响、城市融入、就业问题、社会保障和社会福利问题、代际比较、市民化意愿及成本效益分析、维权等。然而，较少有研究涉及在乡镇的企业中务工的非正规就业群体。既有研究表明，"离土不离乡"的非正规就业群体面临着多重就业风险，如果不研究并解决好该群体的问题，势必会产生连锁反应，导致他们产生社会失落感，从而极有可能发生心态上的变化和情绪上的不稳定。

本书所定义的绿色转型受影响群体，正是基于上述背景提出的，即在我国近十年来环境治理和绿色转型背景下，因产业调整升级、环境保护政策实施导致企业关停而受影响的非正规就业群体。该群体对化石能源产业依赖度高，受产业升级、经济结构调整和转型变化速度加快、环境治理要求力度增强的影响较大。既有研究中较少有关于绿色转型受影响群体的生计策略、生计结果及其体验的实证研究，这为本书提供了一个值得进一步研究探讨的空间。

第二节　研究问题

能源、环境问题已成为河北省经济发展的硬约束，由此引发的相关问题可能带来新的社会不稳定因素。当农民感到自己的生存面临严重威胁且长期求助无望时，他们无需任何动员，便会自发地采取集体行动。与此同时，对于钢铁、水泥等高碳排放行业而言，实现产业结构的低碳转型难度极大，但绿色转型是其必经之路，这一转型过程是主动求新求变的创新过程。自2014年以来，河北省在产业结构调整方面取得了一定成效，但以资源型传统产业为主的基本模式尚未改

---

① 在政策研究领域，与非正规就业相关的概念体系亦涵盖了灵活就业与弹性就业等术语，这些概念强调了就业形式的多样性和适应性，反映了就业市场对不同劳动力需求的响应。

变。以钢铁、装备制造、石化为主的三大支柱产业,以及建材、纺织服装、食品和医药构成的四大传统优势产业,仍占据河北省第二产业的半壁江山,而服务业的占比依然较低,因此转型势在必行。河北省石家庄 HL 市地方政府积极应对这一困境,将工作重点放在加快引进新企业和支持原有传统企业(如水泥企业)的转型上。当地水泥业"一业独大"的情况已基本改变,截至目前,那些受水泥企业关停影响的地区仍在积极探索既可以支撑地方经济发展,又能解决地方劳动力就业问题的绿色可替代性优势产业。地方面临的"阵痛"以及绿色转型和环境治理背景下受影响群体面临的困境,都将在一定时期内持续存在,这些因素已深刻地影响和改变了该地区农村家庭的生产和生活。

随着 20 世纪后期大量社会问题的涌现,国内外多学科学者开始将抗逆力(Resilience)理论引入社会问题的研究中,以应对全球性挑战。例如,全球知名的环境研究机构斯德哥尔摩应变中心(Stockholm Resilience Centre)便专注于研究人类在复杂社会生态系统中的应变能力。Norris 等(2008)指出,尽管抗逆力理论起源于物理学中关于"材料(或系统)在受到外部冲击或压力后,移除外部施加的力时,物体恢复到原状的性能,恢复的速度越快则代表韧性越强"的隐喻概念,但该理论亦可扩展应用于人类及其相关的社会问题研究中。抗逆力理论随后被扩展到心理学、社会学、经济学和管理学等多个学科领域,成为一种跨学科综合理论框架,用于解释个体、社区、组织和社会在面对各种挑战、冲击、变化和逆境时的适应能力。在近三十年的工业化进程中,伴随着大量农业人口向非农产业的转移,HL 市 Y 镇的近万名农民尽管仍保留着农民身份,但已深度融入城镇化和工业化的进程中。"去除水泥产业"对该群体的生活方式造成一定冲击,尤其在中国环境治理和绿色转型的大背景下,本书特别关注河北省 HL 市 Y 镇因水泥行业关停而受影响的群体如何应对这一逆境,这正是本书抗逆力理论研究的重点。

为此,本书不仅在某种程度上延续了传统研究对个体特质优劣势的关注,更着眼于将绿色转型受影响的群体置于其所处的社会生态系统背景中进行综合考量。在一个较长时段的观察周期内,本书旨在探寻以下三个核心问题:①绿色转型受影响群体如何调动、利用和驾驭自身资源,以及如何与其所处社会生态环境中的积极因素、机会和资源相互作用,从而有效地应对逆境?②社会生态系统内部各因子的交互作用如何塑造绿色转型受影响群体的抗逆力生成机制?③基于社会生态系统的抗逆力研究给社会政策的制定与实施带来了什么启示?以上三个问题分别聚焦于个体的行动能力,以及个体如何在社会生态系统中寻找和利用资源以应对环境变化带来的挑战。同时，关注社会生态系统内部的结构和动态，特别是关注不同因子之间的相互作用如何塑造个体的抗逆力。此外，本书将探讨如何将研究成果转化为实际的政策建议，以促进更加符合受影响群体实际需求的社会政策的制定和实施，从而增强绿色转型受影响群体的抗逆力。

第三节 研究意义

本书的理论意义主要体现在以下三个方面：

第一，扩展了抗逆力理论的适用范围，并丰富了其内涵。本书通过深入探讨绿色转型受影响群体与其所处微观、中观、宏观环境之间的复杂互动过程，分析了各层面影响绿色转型受影响群体抗逆力生成和发展的因素。这有助于更深刻地理解个体及其家庭在复杂社会生态系统中的处境，并强调社会环境对抗逆力生成的重要性。特别是对机会结构和意义系统对绿色转型受影响群体抗逆力影响作用的研究，揭示了社会结构、文化价值和政策措施在绿色转型过程中如何影响和塑造社会生态抗逆力，从而深化了对人类社会与自然环境之间关系的理解。这一研究极大地丰富和扩展了当前抗逆力理论和研究的深度。

第二，形成了本土化的生态抗逆力理论。目前，关于生态抗逆力的实证研究，尤其是基于中国情境的分析仍然相对较少。已有研究多基于西方情境展开，而中国的抗逆力研究相对欠缺纵向的、动态的追踪研究，且研究时间也相对较短。笔者对绿色转型受影响群体进行了长达六年的追踪，有助于全面系统、动态持续性地深入了解该群体抗逆力的特点。通过探讨社会结构、社区网络、政策体系等社会因素在抗逆力形成中的作用，以及开展相关的干预实践，探索增强绿色转型受影响群体抗逆力的理论框架和途径，这将有助于推动抗逆力的本土化理论建设。

第三，开展了对绿色转型受影响群体这一新对象的研究，促进了理论与实践的结合。目前，针对不同对象群体的抗逆力研究，特别是对抗逆力生成及作用机制的探索较为欠缺，有关绿色转型受影响群体的抗逆力研究亦非常匮乏。基于社会生态系统理论及生态抗逆力角度的研究，能够极大地丰富和完善相关研究，同时推动学术界对绿色转型背景下抗逆力的进一步研究。这不仅为实践中的绿色转型提供了理论支持，还促进了理论与实践的有机结合，有助于制定更为有效的社会政策和措施，以增强受影响群体的抗逆力。

本书的实践意义主要体现在以下三个方面：

第一，为绿色转型受影响群体应对逆境提供了宝贵的经验和实证支持，并为社区和地方治理提出了建议。通过深入探讨绿色转型受影响群体的抗逆力影响因素、生成及作用机制，本书不仅为该群体更有效地应对当前的逆境提供了实证依据，也为他们应对未来潜在逆境提供了有价值的经验。此外，本书为地方治理和社区发展提出了具体且切实可行的策略、措施，有助于社区识别和利用自身的抗逆资源，提升其在绿色转型过程中的适应能力、应对能力和可持续发展水平。

第二，为环境治理、绿色转型等相关公共政策的制定和实施提供了科学依据及政策建议，确保转型的顺利进行。绿色发展是中国绿色经济和绿色转型的方向，本书以 HL 市 Y 镇的绿色转型受影响群体为研究对象，从微观、中观和宏观层面深入分析绿色转型受影响群体抗逆力的影响因素及机制，这有助于为政府制定增强绿色转型受影响群体抗逆力的干预措施提供思路和具体的操作方案。同时，本书为当前和未来制定环境治理、绿色转型等相关公共政策提供了科学依据和理论指导，有助于提高政策的执行效果。

第三，提高了公众意识和参与度。基于对绿色转型受影响群体抗逆力生成及作用机制的理论探讨，并依托"转型实验室全球比较项目"，通过绿色转型多元交流会开展观察和进行一定的干预实践，揭示了社会生态系统在绿色转型中的关键作用，提高了公众对绿色转型和环境治理重要性的认识，增强了其环境和生态保护意识。此外，通过推动公众积极参与绿色转型，提升了社会整体的抗逆力，从而为绿色转型政策的成功实施奠定了坚实的社会基础。

本书不仅在理论上深化了对抗逆力的理解，而且在实践上为绿色转型提供了切实可行的指导和支持，为实现绿色转型和可持续发展目标提供了重要的参考依据。

第四节　本书结构安排

本书共分为三个部分，第一部分（第一至第三章）是本书的理论基础部分，包括导论、文献综述、研究设计及研究方法；第二部分（第四至第七章）是本书的研究发现和资料分析部分；第三部分（第八章）是本书的研究结论及政策建议。各章节内容简述如下：

（1）导论。首先阐明为何关注绿色转型受影响群体的抗逆力。其次提出研究问题，阐释本书的理论意义和实践意义。最后介绍本书的结构安排。

（2）文献综述。首先梳理绿色转型受影响群体抗逆力产生的前提条件，以及绿色转型和环境治理背景研究。其次对抗逆力理论的发展及相关研究进行梳理与评述。最后总结和评述社会生态系统理论及将其与生态抗逆力理论相结合的研究。基于既有文献，提出本书可能的研究空间。

（3）研究设计及研究方法。首先介绍绿色治理和转型历程下的 Y 镇绿色转型背景，包括对 Y 镇水泥行业发展历史的回顾，以及对环境治理和绿色转型政策下 HL 市近二十年水泥产业发展的梳理。其次提出本书的研究框架设计，包括研究思路和研究步骤。再次介绍本书的研究方法，包括为何采用质性研究方法和"转型实验室"方法；研究对象的选取及研究开展，包括田野调查和绿色转型多元交流会参与者的选择、数据和资料收集及统计。最后是数据和资料的分析方法。

（4）社会生态抗逆力的微观剖析。主要分析和讨论绿色转型受影响群体抗逆力的生成发展核心动力，包括土地资源、经济资源、劳动力资源等显性优势资源，以及包括积极的自我概念、目标感和希望感、高度的自我效能感、社会网络资源等隐性优势资源及意义系统的作用。最后进行本章小结。

（5）社会生态抗逆力的中观近端保护考量。首先介绍四个田野调研村庄的基本情况，对村庄集体经济的支持、村庄土地资源的使用、村级组织和村庄精英、村庄保护作用进行评述。其次分析村庄周边企业与工厂情况，主要包括乡镇企业的演变历史、水泥企业转型的困境、村民在其他工厂的工作情况，以及村民对村庄周边企业的期望。最后进行本章小结。

（6）社会生态抗逆力的宏观外部支持分析。首先从政府层面出发进行论述，包括农民对国家绿色转型和大气治理政策的认同，以及政府所提供的绿色转型专项补贴情况。其次分析受环境治理和绿色转型政策实施影响的其他利益相关者，包括对媒体、社会组织和研究者的讨论。最后进行本章小结。

（7）绿色转型多元交流会：抗逆力提升实践"实验室"。首先介绍开展绿色转型多元交流会的目标和过程。其次分析"实验室内"各社会主体的互动，包括地方政府工作人员和农民个体的互动、逆境中的家庭影响及展现、多利益相关者之间的互动。再次对意义系统与机会结构进行重点分析，并对各社会主体"实验室外"的变化进行观察和剖析。最后进行本章小结。

（8）研究结论及政策建议。首先基于田野调研分析总结出绿色转型受影响群体的适应结果及相应的四种模式。其次分析绿色转型受影响群体的社会生态抗逆力生成机制及评述，包括社会生态抗逆力理论和研究路径演进过程分析。再次从微观、中观和宏观层面提出绿色转型受影响群体抗逆力提升的政策建议。探讨本书局限与存在的不足，包括研究方法的选取，研究对象的选择，研究的拓展、跟踪和深化。最后是结语。

第二章　文献综述

　　绿色转型受影响群体作为一个新兴的社会群体，其处境和需求亟待学术界和社会各界的关注。然而，如何有效地关注和研究这一群体，是一个值得深入思考的问题。为了更全面地理解这一群体的特征和挑战，必须将其置于历史的和结构的背景中进行综合考察。社会生态系统理论和抗逆力研究的兴起，为深入探究绿色转型受影响群体的抗逆力提供了重要的理论框架和分析思路。如何协助绿色转型受影响群体在其所处的社会生态环境中克服逆境、实现良好适应，并促进其实现更好的发展，是抗逆力理论研究的关键议题。本书的文献综述部分首先对绿色转型和环境治理的相关研究进行了系统的归纳、梳理和回顾，以揭示这一群体所面临的社会、经济和环境背景。其次对抗逆力理论的研究和发展进行了总结，以展现抗逆力理论在不同学科领域中的应用和演变。最后对社会生态系统理论与抗逆力理论相结合的研究进行了梳理，以探讨这两种理论如何相互补充，为绿色转型受影响群体的研究提供更全面的理论支持。

第一节　有关绿色转型和环境治理背景研究

　　绿色转型受影响群体的形成源于特定的社会、经济和环境背景，其中，绿色转型和环境治理政策的实施及其影响构成了绿色转型受影响群体产生的基本前提。绿色转型通常涉及经济结构的显著调整，包括高污染、高能耗的产业向低碳、环保产业的转变；绿色技术的推广和应用，如可再生能源技术和电动车技术；政策法规对企业和个人行为的直接影响，如碳排放限额等。此外，环境治理政策的实施涉及强制性环保措施的要求和激励型政策的引导。这些因素的综合作用对特定群体产生了深远的影响。因此，为了深入理解绿色转型受影响群体的抗逆力特征和需求，有必要进一步探究绿色转型和环境治理的相关概念、理论以及政策实施的基本状况。

一、绿色转型的基本状况及研究

转型是指事物的结构形态、运转模型和人们观念的根本性转变过程，是主动求新求变的过程，更是一个创新的过程。就国家层面而言，转型是指制度、体制、发展方式或发展模式、经济社会结构的重大变化。绿色转型不仅是我国新时期经济、环境、社会发展的必经之路，也是世界经济秩序重构和全球环境治理的重要手段。2012年，以发展绿色经济为主题的联合国可持续大会为全球经济指明了绿色转型的发展方向，此后绿色经济、绿色发展和绿色转型成为全球共识，即经济、社会发展必须与环境友好、生态文明相协调，提高人类生活质量、促进全人类共同繁荣必须通过可持续发展才能实现。绿色发展是绿色经济的最终目标，党的十八届五中全会明确提出"绿色发展"这一科学发展理念和方式，其中包括生态文明在内的"五位一体"布局。党的十九大报告进一步全面论述了"加快生态文明体制改革，建设美丽中国"的战略部署，为中国推进生态文明建设、发展绿色经济和绿色转型指明了方向和路线。党的二十大报告指出"推动经济社会发展绿色化、低碳化是实现高质量发展的关键环节"。我国经济社会发展模式绿色转型始于20世纪90年代可持续发展战略的实施，绿色转型是在绿色经济框架下提出的，是指从传统的过度浪费资源、污染环境的发展模式向资源节约循环式利用、生态环境友好的科学发展模式转变，是由人与自然相背离以及经济、社会、生态相分割的发展形态向人与自然和谐共生以及经济、社会、生态协调发展形态的转变。绿色转型的最终目标是实现绿色发展，绿色发展是生态文明建设的必然要求。

目前学界尚未对绿色转型的定义形成较为统一的看法。广义的绿色转型包括投入结构、排放结构、产业结构、区域结构、需求结构、分配结构、目标结构和制度结构八个方面的转型。狭义的绿色转型则主要指投入结构转型和排放结构转型。黄海峰和李博（2009）提出，绿色转型应采用可持续的生产与消费模式，替代传统的资源密集型发展方式，从工业文明向生态文明转型，最终实现经济增长与资源消耗脱钩。王勇等（2016）认为，绿色转型是促进能源集约利用、减少污染排放和提高可持续发展能力的过程。也有学者提出，绿色转型是指以资源节约和环境友好为导向，以创新驱动为核心，坚持绿色增长，走新型工业化道路，实现经济的又好又快发展。本书在此基础上将绿色转型的概念限定在工业领域内，即绿色转型是指从传统的以高碳排放和资源消耗为特征的环境污染型经济发展模式，向低碳节能、资源节约、环境友好和可持续的经济发展模式转变的过程，这一过程以资源集约利用和环境友好为导向，以绿色创新为核心，坚持走新型工业化道路，实现工业生产全过程的绿色化、可持续发展，获得经济效益与环境效益的双赢。此定义既强调对传统产业的绿色升级改造，又强调向新兴绿色产业转型发展的目标。

绿色转型理论的发展历程大致可划分为四个阶段：第一阶段，即20世纪70年代初的早期阶段，以环保主义和可持续发展理论为核心。此阶段的理论主张聚焦于经济增长与环境保护之间的平衡，强调对自然资源的合理利用与保护。这一时期，学界和决策者开始意识到环境问题的严峻性，并尝试在传统经济增长模式中融入对环境保护的考量。第二阶段，20世纪80年代末至20世纪90年代初，绿色经济和绿色发展理论成为主流。此阶段的理论重点转向通过技术创新和产业升级来实现经济增长与环境保护的双赢。这一时期，绿色经济理念倡导在维持经济增长的同时，减少环境破坏和资源消耗，力图实现经济活动与自然生态的和谐。第三阶段，进入21世纪初，绿色转型理论逐渐成熟。该阶段的理论强调经济结构调整和制度创新在实现经济的绿色化和可持续发展中的关键作用。绿色转型理论不仅关注环境保护，更注重通过结构性变革来推动经济增长模式的根本转变，以实现长期的可持续发展。第四阶段，即近年来，绿色创新和绿色金融理论日益成为研究焦点。这一阶段的理论强调科技创新和金融支持在促进绿色产业发展和加速绿色转型中的重要作用。绿色创新和绿色金融理论为绿色转型的实践提供了新的动力和路径。总体而言，绿色转型理论从早期简单的环保主义到综合性的可持续发展理论，再到强调经济结构调整和制度创新的绿色转型理论，最终演变为当今的绿色创新和绿色金融理论。这一演变过程不仅反映了学界对绿色转型认识的不断深化，也为全球绿色转型的实践提供了理论支撑和指导。

近年来，绿色转型的相关议题已经成为经济学、环境科学、社会学、管理学和政策学等多个学科领域的研究焦点。在经济学领域，研究重点集中在绿色经济的发展路径及其政策支持体系方面，探讨如何通过经济手段和政策工具推动绿色转型。环境科学领域的研究则主要关注环境保护的可持续性以及资源利用效率的提升，旨在探讨环境与发展之间的平衡。社会学领域的研究聚焦于社会动力机制和社会变革过程，分析绿色转型在社会层面的影响与反馈。而管理学和政策学领域的研究则侧重于分析政府在绿色转型中的角色定位以及政策的设计与实施效果。在区域和领域层面，工业、农业、经济、环境、城市发展等各个领域的绿色转型路径成为了学术讨论的热点。特别是在社会科学领域，研究者多从城市发展的必要性出发，对绿色转型的思路、路径选择、政策提议以及面临的体制机制障碍等进行了深入论证。研究者普遍认为，实现城市的可持续发展，应主要包含产业结构的升级、城市建设与其运行模式的转型优化、资源消耗强度的降低以及居民消费模式的绿色改变等。郭戈英和郑钰凡（2011）针对国内外的绿色转型推动途径展开了比较研究，指出市场失灵和社会化组织程度的不足是影响中国基于可持续发展战略的绿色转型的主要因素。然而，现有研究对于绿色转型政策实施过程中的社会成本①问题关注不足，这一议题对于回应我国发展新阶段的主要矛盾具有重要意义。

从技术层面的研究来看，绿色转型评价指标体系是近年来相关研究的热点方向之一。同样，城市层面绿色转型理论及其评价方法的研究相对丰富。李佐军（2012）将减排能力、增绿能力、资源节约能力、资源结构优化能力以及竞争力归纳为绿色转型评价指标体系的五个组成部分，尤其强调竞争力的重要性，即竞争力的提高对绿色转型发展至关重要；更基于多目标优化方法构建出绿色转型的评价指标体系，提出了一种综合考虑经济、社会和环境效益的评价模型。周振华（2011）、董志龙（2012）、辜胜阻（2013）和丰立详（2008）基于经济学理论，分别从城镇化和社会发展、创新驱动策略、经济转型升级、金融体制改革等方面出发，研究怎样通过市场、政府调控从而推进中国经济发展方式的转变，同时实现"四化"②同步协调发展。然而，大部分指标体系的开发与建构鲜有对社会福祉、民生福利的考虑，也未包含社会公平等方面的内容。

综上所述，与绿色转型相关的既有研究更多地侧重于绿色转型的内涵、评价体系等相关理论、模型的建构，强调发展方式的转变过程。然而转型发展是手段，解决我国新时代的主要社会矛盾和社会冲突、增进民生福祉才是终极目的，也应该是所有工作的出发点和落脚点。既有研究中缺少对绿色转型背景下由于产业升级、经济结构调整、转型变化加速而产生的变化对政策受众造成影响的研究。探讨绿色转型过程中社会公平和包容性问题，特别是确保社会群体能受益于绿色发展，使绿色发展成果可以更好地提高民生福祉，正是本书的关注点。

二、环境治理的基本状况及研究

环境治理（Environmental Governance）是指一个由政府、企业、社会组织和

---

① 政策的社会成本是指在政策实施过程中所需付出的社会文化生活层面的成本，这种成本通常涉及对个体或集体福祉的影响，表现为社会价值观、传统习俗和文化认同的变动。由于其本质上是主观的、难以量化的感觉体验，因此对政策社会成本的评价和测量往往面临着方法论上的挑战。

② "四化"概念是指工业化、信息化、城镇化和农村现代化。

公众等多元主体共同参与的复杂过程，这些主体通过法律、政策、经济手段、技术手段等，对环境问题进行系统的管理、协调和干预，旨在实现环境的可持续利用与保护，进而促进全社会的可持续发展。环境治理的理论研究经历了四个主要的发展阶段：第一阶段，大致始于 20 世纪 70 年代前后，可视为早期环境管理理论的兴起阶段。这一阶段的理论聚焦于环境政策与法规的制定与实施方面，强调通过政府的监管和控制来应对环境问题。同时，污染控制理论强调对污染源的直接控制和末端治理措施，以减少环境污染。第二阶段，进入 20 世纪 80 年代，可持续发展理论成为主流。这一时期提出了可持续发展的概念，强调环境保护、经济发展和社会公平之间的协调统一。此外，生态现代化理论在这一时期也得到了发展，该理论认为，通过技术创新和制度改革，可以实现经济增长与环境保护的双赢。第三阶段，进入 20 世纪 90 年代，全球环境治理理论开始形成。这一阶段的显著特征是环境治理的视野从国家层面扩展到全球层面，强调通过加强国际合作与多边机制来应对全球性的环境挑战。第四阶段，21 世纪以来，多元治理理论逐渐成熟。这一阶段的理论包括协同治理、环境正义和适应性治理等概念。协同治理强调政府、市场和社会多元主体之间的协同作用，以共同应对复杂的环境问题。环境正义则关注环境问题中的公平和正义，强调弱势群体和边缘化社区在环境决策中的参与权和受益权。适应性治理则针对环境问题的不确定性和复杂性，强调治理体系的灵活性和适应性，主张通过持续的学习和调整来应对环境变化。总体而言，环境治理的理论研究不断演进，从早期的末端治理到全球环境治理，再到强调多元主体协同和治理体系适应性，反映了学术界对环境治理复杂性认识的不断深化。

环境治理是一个综合性的概念，中国的"环境治理"理念始于 1978 年《环境保护工作汇报要点》的发布，随后一系列绿色治理理念开始频繁出现在各种报告中。中央政府出台《中华人民共和国环境保护法》《大气污染防治行动计划》《水污染防治行动计划》等一系列环境保护的法规、政策，并制定了严格的环境质量标准和排放标准，对企业和地方政府提出了明确的环保要求。随着经济发展过程中环境污染问题的凸显，国内学者展开了大量研究工作，针对环境治理的具体方法和措施，主要从三个方面展开研究：治污技术方面，包括清洁技术、大数据技术、能源技术等；经济结构调整和经济手段创新方面，包括改变粗放式的经济发展方式、合理优化产业结构和投资结构、实施排污权交易、征收环保税等手段；法律方面，完善法律途径，从而为环境治理提供合法合规的保障。学术界对环境治理的研究逐渐开始从单纯分析环境问题背后的经济、技术因素拓展到对环境问题背后的制度因素和政府行为的分析。

近年来，关于我国政府治理结构与环境污染、环境治理等的实证研究大量涌现。总体而言，主要从环境绩效评估，特别是从检验财政分权与环境污染的关系，以及检验地方政府竞争与环境污染、环境治理等的关系方面展开研究。大部分实证研究显示，财政分权体制和环境污染呈现正相关关系。理论研究的发展以及政府对环境问题的重视，共同推动了国家环境治理新政策的持续出台。张生玲和李跃（2016）认为，社会舆论也会促进环境治理相关政策的发布，尤其提出与雾霾有关的环境治理政策和舆论之间具有相关性。

环境规制（Environmental Regulation）是指政府或其他监管机构通过制定和实施法律、法规、政策和标准，对企业、组织和个人的行为进行约束和指导，旨在预防和减轻环境污染，保护自然资源和生态系统，确保公众健康，并推动社会经济的可持续发展。作为实现环境保护和可持续发展的关键工具，环境规制旨在达成多重目标，包括但不限于环境保护、保障公共健康、促进可持续发展和推动技术创新，从而能够有效地规范和引导社会经济行为。在政策工具的选择上，地方政府往往倾向于采用"命令—控制"型（Command and Control）[1]的环境规制政策，这类政策赋予政府更大的自由度和主导权，而相对较少运用以改变企业行为为目的的市场激励型[2]或自愿型[3]环境规制政策来开展环境治理工作。具体而言，加强外部环境监管可能增加企业的生产成本，从而导致产品价格上升和市场需求下降，进而引发企业规模缩减。为应对这种负向的规模效应，企业可能会采取一系列措施来缓解因环境规制增强而带来的生产成本增加。

环境污染、产业结构、经济发展和环境规制之间的关系复杂多变。环境规制对产业增长的影响研究因时间跨度、数据质量、环境规制的界定以及模型建构方法等的不同而呈现多样化的结果，包括正向促进作用、负向抑制作用以及作用机

---

[1] "命令—控制"型环境规制是指政府通过立法和行政手段实施的强制性环境管理策略，其目的在于直接控制企业的污染物排放。该规制模式的主要工具包括"三同时"制度（即新建、改建、扩建项目必须同时设计、同时施工、同时投产环保设施）、环境质量标准、环境影响评价制度、限期治理令等，通过设定明确的排放标准和治理要求，对企业的环境行为进行严格规范。

[2] 市场激励型环境规制是在市场机制的基础上，利用经济激励手段引导企业将环境污染治理成本内部化，以实现环境质量改善与经济效益提升的双重目标。该规制模式的主要工具包括排污权交易制度、排污费征收制度等，通过价格机制和成本效益分析，激励企业自主选择治理污染和改善环境的措施。

[3] 自愿型环境规制是指政府通过非强制性手段，如社会舆论引导、宣传教育等，激励公众或企业主动参与环境污染治理，或在环境保护方面自主作出承诺和努力。该规制模式的主要工具包括信息公开制度、公众参与机制、自愿协议等，强调通过提升公众环境意识和企业社会责任感，提高环境治理的自愿性和合作性。

制的不确定性。尽管如此，相较于环境经济学中的其他研究主题，环境与就业关系问题的学术关注程度相对较低。然而，环境成本可以通过转化为环境投资，进而创造新的就业机会，即所谓的"绿色就业"（Green Job），这一现象被广泛认为是实现了环境保护与创造就业的双重效益，亦被称作"双重红利"。绿色就业是指那些在改善环境质量、保护生态系统、减少污染和资源消耗方面发挥积极作用的工作，其核心目标是推动经济的绿色转型，同时创造新的就业机会，实现环境、经济和社会的协调发展。适当的环境规制可以激励企业进行更多的创新性生产活动，技术升级所带来的创新补偿效应可能会抵消因污染减排导致的企业运营成本增加，进一步激发市场的创新潜力。企业不仅能够通过提升生产效率以增加总产出，而且在生产中可以创造更多新的就业岗位。例如，张彩云等（2017）指出，绿色低碳生产过程对就业的正向促进作用更为显著，这为环境规制政策的设计和实施提供了重要的实证依据。

环境规制对不同区域和不同行业的影响具有显著的差异性。这种影响的异质性不仅体现在地域差异上，如发达地区与发展中地区、城市与农村之间的差异，也体现在产业类型的多样性上，如高污染行业与绿色产业、传统制造业与服务业的区别，同时还与就业群体所享受的社会保障范围密切相关。因此，环境规制和绿色转型政策的实施对于不同就业人群的影响存在显著的差异，例如，以重工业为主体的地区相较于其他地区受到的影响可能更为深远，这反映了不同行业对于环境风险的不同敏感度和不同风险偏好。彭菲等（2018）对"2+26"城市散乱污企业①治理的研究成果表明，针对散乱污企业的综合整治措施对局部地区的就业市场产生了显著影响，尤其是对砖瓦窑行业企业及其就业人群的影响尤为突出。这一发现揭示了环境治理和绿色转型相关政策在推动产业结构调整升级和经济质量提升方面的重要作用，同时也表明了这些政策对于与产业相关的就业群体所产生的影响更为深远。

第二节　抗逆力理论的相关研究与评述

20 世纪 60 年代，有学者研究发现，不同个体在面临相同逆境时会表现出不

---

① 散乱污企业是指那些违反法律法规，不符合国家产业政策和区域产业布局规划、未按规定办理环境保护等相关审批手续，无法稳定实现污染物排放达标或者存在污染物超标排放问题的企业。这类企业通常缺乏有效的污染治理设施，且其分布呈现无序和分散的特点，对环境保护和生态文明建设构成严重威胁。

同的适应性能力，从而产生适应或不适应的反应。此后，研究者进一步探讨了危险因子和保护因子，并提出运用个体保护因子与危险因子的博弈，以达到良好适应的过程。在此基础上，研究者逐渐开展了抗逆力测量工作，主要聚焦于风险因素和保护因素。研究认为，风险因素是指对个体的生存和发展所造成负面消极影响的外在环境因素，而保护因素则是指在风险因素出现后，能够与之相互作用，从而抵消或者降低负面影响的因素。保护因素分为内在保护性因子①和外在保护性因子②两部分，其得分越高，个体抗逆力也越高，问题行为发生的概率越小。

尽管学术界对抗逆力的定义尚未形成较为统一的共识，但抗逆力概念所具有的两大显著特点得到了学术界的广泛认同：首先，抗逆力产生的前提条件是研究的目标人群必须暴露于风险或逆境之中；其次，无论从结果、能力还是过程来看，个体都展现出积极适应的特征和发展结果。积极适应是指在生命的不同阶段，成功应对发展任务时表现出的能力或成功，它由内部和外部风险因素与保护因素的相互作用所界定，这些因素调节、加剧、缓解或抑制压力体验。积极适应可以是显性的，表现为外在的、容易观测的行为；也可以是隐性的、内在的、不易观测和察觉的认知过程，包括个人态度的改变、个体目标设定层级的调整等。

一、始于心理学领域，早期研究聚焦于个体

心理学领域的抗逆力研究可以追溯到 20 世纪六七十年代。研究人员试图理解儿童在不利环境中成长时受到的情境影响，以避免儿童的不良发展后果，研究焦点范式从适应失败向积极适应模式转变，研究重点聚焦于个体抗逆力水平高低的评估和测量。自此以后，抗逆力这一概念在心理科学领域中频繁出现，并暗喻个体在长期和急性压力环境下恢复与适应的能力。在心理学话语体系中，抗逆力已被具体化为一种内嵌于个体特质的心理资源，其依赖于更广泛环境中的资源或结构支持。

早期的观点普遍认为，抗逆力基于个人拥有的特点和特质，是一种积极的心理素质、态度和能力，而不是家庭、学校、社区、政府所推动的结果。有学者认为，抗逆力是个体的一种品质，该品质使个体即使面对压力和困境也不会出现问

---

①　内在保护性因子是指个体内部固有的心理能力和人格特质，这些因素使个体能够有效应对危险情境，降低问题行为的发生，并辅助个体在面临压力时实现有效的缓解。

②　外在保护性因子是指存在于个体外部环境中的条件与资源，它们能够促进个体成功地适应环境、积极应对挑战、克服危机以及实现良性适应。这些因子包括个体生活环境中的人脉网络、物资资源、社会关系以及其他支持性外在因素，它们与个体紧密相关，为个体提供必要的资源和支持，从而增强个体对外部压力的抵抗力和社会适应能力。

题行为。因而早期的抗逆力研究几乎都集中在个人身上，而对个人所在的环境，包括家庭、学校、组织或社区的评估只是因为它（们）对个体发展过程具有影响，然而吸引研究者的仍然是个体特质而不是环境特质。自我效能感、一致感、自尊、亲社会性及其他与抗逆力有关的个体特质，都或多或少地被假设为在一定程度上能够保护个体，并降低环境压力的消极影响，同时具有促进个体福祉和健康提升的功能。言下之意，在以个体为中心的抗逆力观念中，那些处于不利地位或弱势地位的人仍被期望通过个体能力，去获取和利用他们所处环境中的机会，从而增强他们的心理承受能力。这种方法关注的重点是那些易于改变的个体特质，并有助于个体适应高风险环境的个体特质，而不是那些产生风险和创造经济增长的社会生产过程。Lerner（2006）认为，随着更多对人类发展具有情景化理解的实证研究的出现，西方心理科学所体现的"个人主义话语"① 特征也开始发生变化。

尽管国内对抗逆力的研究起步较晚，且研究历程相对较短，但过去十数年间，与抗逆力相关的研究呈现显著的增长趋势。所谓抗逆力，在国内也被称为复原力、心理弹性、韧性、恢复力等，这一系列名称的不同也正说明抗逆力概念蕴含多重含义和具有复杂性，亦体现了不同学科领域的学者对其概念的不同诠释与解读。综合来看，抗逆力概念源自对冲击、压力或扰动的应对探究，它深刻地阐释了个体、家庭、社区、政府等社会主体在面对逆境时所展现的积极适应和应对的能力。国内早期的抗逆力研究主要集中于对国外相关定义、测量方法及研究进展的翻译和引介，研究对象受国外研究影响，初期聚焦于高危儿童和青少年群体，随后逐渐扩展至其他特殊群体。特别是在汶川地震之后，国内研究领域出现了一股探讨自然灾害情境下受灾群体抗逆力的研究小高潮。在此期间，部分学者将脆弱性与抗逆力相结合开展研究，同时积极探索灾害领域抗逆力的分析框架、指标体系构建及其定量测量等。由此，抗逆力研究的学科领域也从心理学逐步向其他学科领域延伸与扩展。2020 年，面对新冠疫情，国内研究界再次迎来了研究不同群体、社区和组织在突发公共危机下的抗逆力的高潮。

二、由关注个人拓展到家庭和社区层面

自 20 世纪 90 年代起，抗逆力研究的关注点出现了显著的变化。具体而言，抗逆力研究的焦点开始从个人层面转向组织层面和社区层面，研究视角亦逐渐从传统的因素分析转向了交互性分析。研究者开始深入探讨在风险情景中人与人、

---

① 反映了一种粗犷个体战胜困难的文化叙事特征。

人与资源、人与环境之间的动态相互作用，以及这些相互作用如何促进风险控制与抵抗能力的获得与增强。在此背景下，社会和健康科学领域提出了家庭抗逆力和社区抗逆力的概念，从而拓展了早期仅限于个体层面的抗逆力概念。Walsh（2013）在家庭治疗领域做出了开创性的贡献，构建了一个针对家庭抗逆力的理论模型。该模型侧重于家庭生活的三个领域，即家庭信念系统[①]、家庭组织模式和沟通过程，并在此基础上，Walsh 探索性地提出了家庭抗逆力的框架，分析了家庭治疗师、项目和政策在增强家庭抗逆力方面的积极作用。继 Walsh 之后，McCubbin 和 Patterson（1983）等进一步提出，家庭在面临危机时，存在恢复家庭功能的内在需求，并拥有从消极经历中恢复的力量。他们认为，家庭对压力事件所赋予的意义能够提升家庭凝聚力，从而增进家庭成员的协同应对能力。基于此，他们构建了家庭危机的双重 ABC-X 模型（Double ABC-X）[②]，该模型关注压力源类型和数量、家庭可利用资源以及家庭对压力源的感知之间的相互作用。在 Caldwell 和 Boyd（2009）针对受干旱影响的农业家庭的研究中，他们识别出了包括"问题聚焦应对"（Problem-Focused Coping）[③]、"情绪聚焦应对"（Emotion-Focused Coping）[④]、"乐观"以及"对社会资本的依赖"[⑤] 等多种家庭应对逆境的策略。家庭抗逆力研究对于家庭的各种特性是抗逆力的组成部分达成了共识，这些特性包括家庭力量（如承诺、凝聚力、适应能力、灵性、家庭时间、家庭内支持和一致性等）、经济资源、父母教育、文化遗产、共同价值观、情感仪式、共同的家庭传统以及家庭可用的支持系统。此外，家庭抗逆力与社区抗逆力的联系亦被提出，如 Walsh（2013）所提出的社会希望（Social Hope）[⑥] 的概念，强调了家庭对于获得资源的期望，以及这种期望如何促进家庭成员实现社会流动的梦想。

---

① 家庭信念系统包括价值观、态度、偏见与假设等。
② ABC-X 中的 A 表示压力的事件或情景，B 表示应对压力的资源或力量，C 表示对压力事件的认知或定义，X 表示压力或危机的高低程度。
③ 问题聚焦应对是指个体在应激情境下直接采取行动缓解压力，这种应对策略着重于直接处理和解决问题本身。
④ 情绪聚焦应对是指个体在应激情境中，通过调整自身的立场和观点，以减轻由问题或压力引起的情绪反应的一种应对策略。该策略着重于情绪调节和管理，旨在减轻个体的情绪困扰，而不是直接解决问题或压力源。
⑤ 社会资本是指个体和组织之间的社会关系，包括社会网络、互惠性规范以及由此产生的社会信任。在微观层面，社会资本表现为个体拥有的社会关系网络，以及通过这些网络获取资源和支持的能力。
⑥ 社会希望是指一种集体层面的乐观预期，它超越了个人层面的期望，强调群体或社会共同体在面对挑战和不确定性时，通过合作、共享目标以及积极的集体行动，共同追求和实现一个共同的愿景和目标。

Ganor（2003）对抗逆力的阐释聚焦于个人和社区在面对长期、持续的压力之下所展现出的有效应对能力，这种能力被视为内在优势和资源的具体体现。有学者则从社区层面，将社区从灾难中充分恢复的能力、技巧和知识定义为社区抗逆力。Magis（2010）进一步拓展了社区抗逆力的概念，将其定义为社区应对变化的能力，并详细列举了社区抗逆力的八个维度：社区所拥有的资源、社区资源的开发状况、社区资源的投入、积极的能动者、集体行动的采取、战略行动的制定、公平性和影响力。Zautra 等（2010）同样认为，社区抗逆力是一个学习过程的结果，这一过程是社区在遭遇逆境时经历持续抗逆力变化的一部分，具有抗逆力的社区能够通过学习来应对、适应并塑造变化。Sallis 等（2008）强调社区及其他环境因素对个人健康和行为产生的深远影响，指出安全、健康的环境及社会支持①对儿童和成人同等重要。Norris 等（2008）在综合前人研究的基础上，将社区抗逆力定义为一组与适应能力及其适应的积极轨迹相关联的过程，并指出社区抗逆力的来源包括经济发展、社会资本、信息和沟通、组织能力这四个方面的适应性能力。Bonanno（2004）进一步解释称，一个具备抗逆力的社区在经历短暂的功能障碍或压力冲击之后，能够主动选择一条能够带来适应性结果的发展轨迹。Norris 等（2008）则认为，抗逆力体现在社区成员为补救由压力或冲击带来的消极影响而采取的有意义且审慎的集体行动，这些行动包括对环境的解释、干预以及行动努力等。这些研究共同丰富了对抗逆力概念的理解，并为社区层面的干预和实践提供了理论支持。

　　随着国内学者对国际上不同视角、范式、研究对象及内容的深入研究和批判性评述，特别是对国外家庭抗逆力理论和方法的译介、汇总及述评，国内抗逆力研究有了显著的增加，研究视角与内容呈现多元化的趋势。在此背景下，国内抗逆力研究迅速从个体层面拓展至家庭、社区及组织层面，涌现出一系列针对患慢性病家庭、罕见病家庭、城乡流动家庭等特殊家庭群体的抗逆力研究成果。家庭抗逆力概念强调的是家庭单位在面对危机时所展现的应对与适应过程。研究初期，学者主要关注家庭成员的个体表现，而随后，研究视角逐渐扩展转向将家庭视为一个整体进行探讨。例如，对不发达地区农村家庭外出务工情境下的家庭抗逆力的研究、对具有长期患病成员的家庭的抗逆力结构及机制的分析，以及对其他不同对象和群体的家庭抗逆力的研究。此外，家庭抗逆力研究亦从社会工作扩

---

　　① 社会支持是指个体从他人那里获得的包括信息、情感、安慰、鼓励和安心等在内的支持性资源。社会支持的有效性在于个体所拥有的社会支持网络越丰富，其在面对压力事件时，越能保持良好的精神和生理状态，从而提高应对压力的能力和整体的福祉水平。

展至社会政策领域。虽然国内家庭抗逆力研究领域取得了丰硕的成果，但学者魏爱春（2017）提出，国内关于家庭抗逆力的研究在本土化发展方面仍有待加强。同时，还相对缺乏从文化视角对家庭抗逆力的探讨，以及缺乏对中观、宏观社会主体在家庭抗逆力构建过程中作用的研究。

近年来，国内学者开始逐渐聚焦于社区抗逆力的研究上，相关研究成果亦逐渐增多，这些研究覆盖了社区风险管理、应急管理、灾后重建、社区营造等广泛的社区发展领域。朱华桂（2012，2013）从社区抗灾的视角出发，对社区抗逆力的定义和内涵进行了深入探讨，认为社区抗逆力是指邻里或其他界定明确的生活共同体在面对地震、洪水、火山爆发、泥石流等突发自然灾害时，所展现的快速反应、自救、恢复、重建及预防后续灾害的能力。这一能力涵盖了干扰消解、自组织、对外部压力的应对，以及社区或组织内个人的适应能力、压力事件的性质、信息和沟通、经济发展状况、社会资本和社区能力等多个方面，具有贯穿灾前、灾中和灾后的动态特征。朱华桂的研究还开创性地构建了社区抗逆力的构成要素和评价指标体系。朱爱华（2016）提出，通过培养社会组织来增加社区抗逆力的保护性因素，是提升新型农村社区抗逆力的有效策略。胡曼等（2016）对社区抗逆力的测量工具进行了比较分析，并提出了适合我国社区的抗逆力测量维度。在此基础上，学者开始致力于社区抗逆力评价量表的研发，并开展了大量的实证研究。芦恒（2017）从社区风险危机管理与预防的角度出发，构建了一个基于挖掘单位社区自身优势并结合外部政策支持的治理框架，以促进城市社区的良性发展；2019 年，其进一步将抗逆力理论与公共性理论相结合，探讨了农村社区如何通过"动态风险管理"和"常态公共性营造"实现乡村振兴。还有学者针对突发公共事件应急响应，将社区抗逆力视为一个动态和微观的风险治理分析框架。总体而言，国内社区抗逆力研究在以下三个方面形成了基本共识：首先，从风险管理的视角，社区面临着多种风险和危机。其次，社区具备或潜在具备良好的适应性①、恢复能力和自我进化能力，能够抵挡风险或防止衰败；最后，研究强调了从"问题导向"向"优势导向"思维的转变，以及社区主动应对危机的能力，即通过挖掘、关注和利用社区可运用的资源及潜能，推进社区共同体的建设与发展。

---

① 社区的适应性包括内固性（Robustness）、储备性（Redundancy）、资源动员性（Resourcefulness）和快速性（Rapidity）。

图 2-1　Rutter 抗逆力发展作用机制模型

国内学者在抗逆力研究领域普遍采取的一种做法是，借鉴国际上的研究成

---

① 行为目标模型主要致力于阐述保护因素和风险因素之间的交互作用，该模型包括三种不同的交互模式：补偿型模型（Compensatory Model）、挑战型模型（Challenge Model）以及免疫型模型（Immunity Model），此分类由 Garmezy 等（1984）提出。

② 发展作用机制模型是基于个体特征和环境因素两个方面的考虑，提出的一种策略框架，用以描述抗逆力的运行机制。Rutter 提出了四种不同的策略框架，这些框架展现了抗逆力在个体与环境互动中的运行关系。

果，如行为目标模型、发展作用机制模型、层次策略模型、过程机制模型等，以推动本土化抗逆力研究的发展。在此背景下，Kumpfer（1999）基于个体—环境互动提出的抗逆力作用机制理论模型，以及其他学者从外部环境的视角提出的身心灵平衡过程模型，受到了国内学者的广泛关注和深入研究。Kumpfer 的模型视个体与环境为一个相互依存、互动的生态圈，认为个体与环境之间的任何变化都可能触发抗逆力的产生。他进一步指出，抗逆过程可能会产生三种不同的结果：抗逆重组，即个体达到更高的抗逆或适应水平；适应重组，即个体恢复到逆境前的状态；适应不良重组，即个体降至较低的抗逆水平。在此基础上，学者田国秀（2015）对抗逆过程进行了深入解析，区分了前抗逆过程（个体与环境之间的互动）和后抗逆过程（基于个体与环境互动的抗逆力运作），并特别强调了后抗逆过程对个体最终适应结果的重要影响（见图 2-2）。田国秀还引入过程时间维度，以期更全面地阐释抗逆力的运作机制。

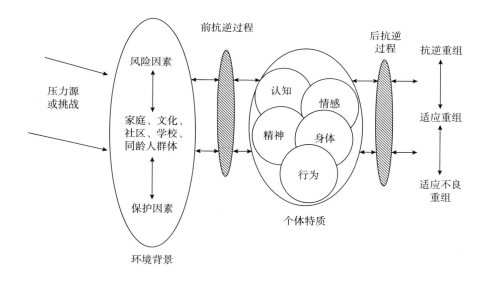

图 2-2　Kumpfer 个体—环境互动模型（田国秀解析版）

身心灵平衡过程模型则侧重于从瓦解与重新整合以及有意识与无意识选择的角度，探讨抗逆力结果的多样性。该模型指出，当个体面对过大的压力且抵抗无效时，其生理、心理和精神平衡状态可能会发生瓦解，迫使个体原有的认知模式（包括世界观、信念系统等）发生改变。个体随后会有意识或无意识地开始重新进行整合，这一过程可能导致四种不同的结果：更高水平的平衡状态，即个体的抗逆力的增强；恢复到初始平衡状态，即个体维持暂时心理舒适感而放弃改变，从而错失成长的机会；较低水平的适应状态的丧失性重组，即个体放弃生活中的初始动力、希望和动机；适应不良的功能失调性重组，即个体功能紊乱，采取不健康的方式来应对生活危机和抵抗压力。这些模型和理论为国内学者提供了深入理解抗逆力运作机制的理论框架，并为本土化抗逆力干预实践的开展提供了重要的理论指导。

近年来，国内学者在既有抗逆力运作理论的基础上，开展了大量的实践干预研究。田国秀（2015）通过深入分析 98 个处于困境中的青少年案例，提炼出影响抗逆力运作过程的两个关键要素——"力量"[①] 和"信任"[②]，这两个要素为提升目标群体抗逆力提供了干预行动的重要参考点。王庆妍等（2021）针对 McCubbin（1983）提出的抗逆力模型进行了再定义和明晰化，特别是对模型中受本土文化影响较深的核心概念，如家庭构架（Family Schema）[③]、家庭赋予情境的意义（Meaning）[④] 和家庭情境评估（Situational Appraisal）[⑤] 等，进行了本土化语言的解读。同雪莉（2020b）以西北地区的困境儿童为研究对象，探索了面对生存和发展危机的高危青少年的抗逆力模式特征，以及相应的应对干预策略。本土实践干预研究的主要焦点集中在困境青少年群体身上。然而，一个值得深入探讨的问题是，不同的研究目标群体是否会使抗逆力作用机制和抗逆过程的关键影响因素不同？这一问题不仅揭示了研究的多样性，也构成了本书的研究出发点。

四、前期抗逆力研究的阶段性特点

在 21 世纪早期，Masten（2007）对抗逆力研究的发展进行了系统性的回顾和总结，特别是对 20 世纪中后期抗逆力研究的演进特点进行了深入的分析，并将其划分为四个主要阶段。在 Masten 所描述的四个阶段过程中，抗逆力被界定

---

① 力量是一个人存在感的具体表现，意味着个体具备通过自身能力对其所置身的社会环境产生影响的潜力。

② 信任是一种心理状态，表现为个体基于对另一方意愿或行为的积极预期，而愿意将自己置于一种缺乏防御、易于受到伤害的位置。

③ 家庭构架是指家庭最基本的、相对稳定且持久的信念、价值观、信仰和期望体系，它是家庭系统在长期发展过程中塑造和形成的。

④ 家庭赋予情境的意义涉及家庭在面对特定情境（如经历、事件、压力、遭遇等）时所进行的积极理解、解释或说明。

⑤ 家庭情境评估涉及对家庭面对压力源时所感受到的压力/困难（其性质与严重程度）与家庭所拥有的资源、应对能力之间关系的系统性评估。此外，该评估过程亦包括对家庭为应对压力所需调动的外部资源以及采取的具体应对策略的识别与评价。

为在面临严重的适应或发展威胁时，个体仍具有取得良好结果的能力。具体而言，Masten 提出的抗逆力研究的第一阶段（特质论阶段）大致为 20 世纪 70 年代至 20 世纪 80 年代中期，研究聚焦于个体所具备的能力或特质，旨在通过发展心理病理学，特别是以精神分裂症为研究起点，来定义和测量不同人群的抗逆力。第二阶段（过程、互动论阶段）主要集中于 20 世纪 80 年代中期至 20 世纪 90 年代，研究转向揭示心理应激反应①、自我调节系统、心理社会依恋关系、社会支持、环境—个体互动等因素随时间推移对抗逆力的促进作用及其相关动态博弈过程。第三阶段（应用和干预实证研究阶段）为 20 世纪 90 年代至 2010 年，研究目的在于通过预防和干预计划来检验抗逆力，并促进其提升。这一阶段的研究包含了大量的干预实践，旨在将抗逆力理论应用于实际问题的解决。第四阶段（跨学科多维论阶段）为 2010 年以后，主要分析多层次动力学的复杂性，或探讨各层次间的相互作用，采用跨学科的多维整体性视角来揭示抗逆力形成的方式。正如国内学者刘玉兰（2011）所总结的，国外抗逆力理论研究已经历了研究范式（从问题导向转向优势导向）、研究视角（从单一的学科发展到多元的、整合性跨学科研究，关注环境互动、社会互动等对抗逆力发展的影响）、研究对象（从高危儿童、青少年拓展到更大范围的人群和机构，从个体抗逆力延伸到组织抗逆力、家庭抗逆力、社区抗逆力等）、研究内容（从描述性研究转变为理论与实证研究并重、理论研究与社会政策和实践的结合研究）的显著转型。这一转型不仅体现了抗逆力研究的学术进展，也为实践中的抗逆力提升和社会政策制定提供了坚实的理论基础。

　　尽管 Masten 对抗逆力研究的四个阶段或四个浪潮划分和分析清晰地揭示了 20 世纪中后期以来抗逆力理论在研究视角、研究对象、研究内容方面的转变及发展脉络，且众多学者在回顾抗逆力研究进展时普遍引用或参考 Masten 的四个阶段或四个浪潮总结，但是深入分析 21 世纪以后研究者所发表的抗逆力相关文章便可以发现，抗逆力研究中"新"理论与"旧"理论、方法的争议并不局限于 Masten 所概括的四个阶段中的任何一个阶段。换言之，近二十年来抗逆力研究呈现的一些新特征尚需进一步研究和总结。例如，抗逆力理论是否以及如何区别于其他心理结构理论？抗逆力究竟是仅适用于"非凡"个体或群体，还是普遍适用于所有"普通"个体或群体？抗逆力到底是一种一次性的现象，还是多次性的现象？在不同的文化群体或情境中，抗逆力的呈现是否具有相似性？抗逆

---

　　①　应激反应是指由应激源引发的个体生理、心理、认知和行为上的改变，它代表了个体在面临潜在威胁或挑战时，为应对这些威胁而展现出的整体性状态。

力的测量应该是即时性的、间隔性的，还是长期持续性的？研究者应该在逆境产生后的何时或者何种阶段进行抗逆力的测量最为适宜？抗逆力是否可以用一个相对统一的方法进行更全面的构建？等等。上述这些问题在近二十年发表的文章中被提出，亟待进一步研究以积累更多证据，进而使这些问题得到解决和回应。正因如此，Ungar（2012）强调，如果不关注和澄清理论、方法上的差异，盲目地对抗逆力及其相关结构的实证研究进行元分析将毫无意义。

五、抗逆力研究的推进：生态抗逆力的提出

20 世纪末期，西方学术界开始重视社会抗逆力的概念，即社会单位或团体集体共同应对或回应由社会、政治和环境变化带来的外部压力和干扰。与此同时，出现了一系列关于社会抗逆力的定义、内涵、测量等的实证研究。例如，研究复杂适应系统（Complex Adaptive System）理论①的学者认为，社会抗逆力是基于主体的主动性和适应性去应对不确定性风险的工具，并将其描述为个人、团体和机构在面对变化或对干扰做出反应时，以保持系统功能的方式而表现出的自我组织的适应能力和学习能力。基于此，学者展开了大量社区层面的实证分析。社会和健康科学领域则将社会抗逆力描述为社会团体和社区从危机中恢复或积极应对危机的能力，以及能实现这种积极适应的社会系统要素。基于此，该领域的研究人员提出应对逆境的优势和识别保护因素，并将研究范畴从个体延伸到组织和社区，尤其关注社区复原和健康、灾害抗逆力等。社会抗逆力作为一个更为综合的概念，在更广泛的组织领域拓展开来。张秀兰和张强（2010）基于风险管理理论的现有缺陷和从"能促型国家"理论②的视角出发，提出社会抗逆力的本土概念，认为社会抗逆力是整个社会集体抵御风险、最大程度降低风险损失以及修复风险损害的能力。其内涵涉及社会各主体的抗逆力（包括个人、家庭、组织、社会、政府和全球等），以及支撑它们相应的社会抗逆力机制（包括经济发展、社会建设、信息沟通、教育、传统资源的激活和现代重构等）。然而，自社会抗逆力概念框架提出以后，国内学术界却少有学者针对社会抗逆力及其运作机制开展

---

① 复杂适应系统理论是由约翰·霍兰德在 20 世纪 90 年代提出的，该理论整合了复杂性科学、系统理论和适应性理论的核心观点。复杂适应系统理论关注于系统外部环境的动态变化以及系统内部对于环境变化的适应机制，提出在环境呈现随机且频繁的动态变化过程中，系统主体具备对外部世界的主动认知和自我调节能力。该理论强调，系统的演变与进化关键在于个体的自适应能力与其所处环境的相互作用，这一过程体现了系统在持续适应环境中的学习和进化。

② 能促型国家理论强调，政府的作用不应仅限于为社会提供服务，更应当促进社会中各个组成成分能力的提高与发展。该理论主张，政府应当通过政策设计和制度安排，创造有利于社会成员能力提升的条件和环境，从而推动社会的整体进步和可持续发展。

进一步的理论和实证研究。仅有钟晓华（2016）从风险管理视角指出，社会抗逆力概念和理论框架对城市遗产保护和社区可持续发展具有一定的积极作用，并以社区、家庭、个人、外部服务和组织制度为指标对抗逆力进行测度。芦恒（2020）基于新冠疫情这一突发重大公共危机事件，探讨了抗逆力理论的"抗逆性"与"公共性"特点，并将抗逆力概念修正为"社会韧性"[1]，旨在强调应对风险的主体性和制度的结构性特征。反观国外，在21世纪初就有大量学者对社会抗逆力的理论和实践进行了研究，这些研究不仅丰富了社会抗逆力的理论内涵，也为实践中的社会抗逆力提升和社会政策制定提供了重要的参考和指导。

21世纪初，抗逆力理论开始强调对弱势群体资源或优势的关注，认为个人、家庭、社区、人际关系等不同层面均存在抗逆力的因素。随着对人与环境关系理解的加深，以及后现代建构主义思潮[2]的兴起，生态抗逆力的概念应运而生。Ungar（2012）认为，Rutter和Lerner所倡导的以过程为导向的论点，以及交互的、环境的和文化上的多元视角，为理解抗逆力提供了一种全新的途径。研究个体遭遇逆境后积极应对的前因后果时，环境扮演的角色比我们想象中的更为重要，甚至可能超过个人能力的重要性。抗逆力与社会风险因素的存在密切相关，因此需要对结构进行生态解释，并强调人与环境互动的重要性。抗逆力理论的扩展表明，当个人处于逆境时，一系列社会因素，如家庭、学校、邻里、社区服务和公共文化实践等，应与积极发展的个体的心理因素一样具有影响力。正如Seccombe（2002）所指出的，抗逆力的研究重点应该放在关注那些能够帮助家庭在逆境中变得更强、更好和缺失的社会结构及社会政策上，而不仅是关注个体层面的特质。可以说，环境因素对个体抗逆力的发展有着显著影响，研究抗逆力时不能脱离环境。在某种程度上，环境甚至决定了抗逆力。

生态抗逆力的研究焦点在于个人成长资源，这包括了社会和"物理环境"[3]。

---

[1]　社会韧性是指在社会生活中，个体为了适应特定的社会环境（不论其间的共生关系是基于共同利益还是相互依存的不同利益）所发展出的一种基于社会关系的连接性。在一定阈值内，这种连接性表现为社会韧性，它与社会的连带性、社会整合、社会凝聚以及社会调适等概念密切相关，反映了社会在面对压力和变革时的适应能力和恢复力。

[2]　后现代建构主义思潮是一种思想潮流，它融合了后现代主义的批判性、多元性与建构主义的动态性、情境性。这一思潮强调知识和理解的相对性及建构性，对现代社会中的教育、文化和社会研究产生了深刻的影响，挑战了传统的认识论和方法论范式。

[3]　物理环境主要是指个体周围的物质系统，包括设施、建筑物以及其他构成个体生活空间的物理结构。

早在 20 世纪 50 年代早期，Lewin① 便关注到了人与环境之间的相互依赖性，并强调在理解和预测人的行为时，必须将个体及其所处的环境视为一个相互依赖的系统。基于此，他提出了一个函数表达式：

B=（P，E）

该表达式用于描述人与环境之间的相互作用关系，体现了 Lewin 对人类行为生态观的重视，强调了环境因素在个体发展和行为改变中的重要作用。其中，行为 B（Behavior）被视作个体 P（Person）与其所处的环境 E（Enviornment）互动的模式，这种互动模式是动态的、积极的和立体的，然而，它也可能是模糊不清和难以明确界定的。Lewin 认为，个体与其所处环境之间的相互作用是一个动态的过程，受多种因素影响，包括个体自身的特征、环境的属性，以及个体与环境互动的具体方式。为了深入理解和准确预测人类行为，必须综合考虑这些因素，并将它们视为一个相互依赖的系统。尽管 Lewin 将行为作为个体与环境互动的输出结果，但他并未充分关注那些可能影响环境质量的因素。

在此基础上，Ungar（2011）提出，在理解和分析抗逆力与行为时，需要考虑到环境中的机会结构，并且要审视文化与背景构建的意义系统。因此，Ungar 认为，抗逆力可以体现为个人通过其优势 S（Strength）和挑战 C（Challenge）与所置身环境之间的交互作用，尤其强调交互过程中个体可及（Availability of Opportunity，Oav）和可用（Accessibility of Opportunity，Oac）的成长机会。在逆境中的这些交互作用是否能增进个体的福祉，取决于机会对个体的意义以及环境所提供资源的质量。对抗逆力的生态理解揭示了人与环境交互作用的复杂性。以这种生态理解为出发点，Ungar（2011）在 Lewin 早期研究的基础上，进一步阐述了生态抗逆力的定义，并通过函数表达式的形式更加精确和清晰地展现了这一概念，即：

$$R_{B(1,2,3,\cdots)} = \frac{f(P_{SC}, E)}{(Oav, Oac) \cdot (M)}$$

其中，$R_{B(1,2,3,\cdots)}$ 表示基于时间的抗逆力行为；P_{SC} 表示个体的优势与挑战；E 表示环境系统；Oav 表示可及的机会/资源；Oac 表示可用的机会/资源；M 表示意义系统。

在函数表达式中，R（Resilience）代表抗逆力，它描述了一组逆境中与适应性结果相关的可观察行为 B。这些行为模式在逆境中呈现暂时性特征，并随着新

---

① Kurt Lewin 是群体动力学（Group Dynamic）和组织发展研究的先驱之一。本书所依托的转型实验室研究项目，同样基于 Lewin 早期的群体过程（Group Process）理论。

的常规性横向压力①和非常规性纵向压力②的出现而发生变化，从而影响个体的应对能力和资源可用性。与抗逆力相关联的行为可以视为个体 P（包括优势 S 和挑战 C 的交互作用，这种作用在外部环境带来风险时变得更为复杂）③ 在复杂生态系统 E 中的交互函数。在函数表达式中，机会结构 O（Opportunity）和意义系统 M（Meaning Systems）位于分母位置，这一安排的目的在于凸显这两个因子在个体抗逆力形成中的重要性。个体的内部整合（Internal Integration）和外部适应（External Adaptation）能力，即个体提供资源的能力，受到个体周围环境机会结构的制约。内部整合涉及个体内部各个组成部分之间的协调和统一，旨在实现个体内部的和谐、稳定和有效运作，这包括个体内在资源、能力、知识、技能等方面的整合，以及内部成员之间的协作、沟通和共享。内部整合的质量直接影响个体的内部效率和稳定性。而外部适应则是指个体对外部环境的适应和响应能力，以便应对外部环境的变化和需求，这包括个体对外部环境中的资源、机会、挑战、竞争等因素的感知、理解和利用能力，以及个体对外部环境变化的适应性。

机会结构是指在社会中，个体所面临的机会和资源的结构化安排及分配机制，这一结构由社会制度、组织架构、文化传统等多元因素共同塑造，并显著影响个体的社会经济地位和机会获取。每个个体所处的具体环境和社会结构塑造出不同的机会结构，即可用资源和机会的分布模式，这些机会结构对个体的内部整合和外部适应能力具有决定性的影响。机会结构的特点包括可及性和可用性，但这两者之间存在显著差异。即便某些机会表面上看似可及，实际上可能由于诸如文化建构等因素的限制，并不能被个体实际利用。因此，机会结构应被视为社会生态环境的一个特质，而非个体特质。对于对未来逆境的"免疫力"培养，可以通过早期暴露于可控风险中来增强个体的抗逆力，即围绕个体早期的机会结构塑造其在未来面对逆境时提升抗逆力的能力。这种变化的根本动力源自影响个体行为的社会生态和物理环境，强调了抗逆力对于环境提供的机会的依赖性。

在函数表达式中，M 代表个体及其社区所遵循的意义系统（Meaning Sys-

① 横向压力是指在个体的整个生命周期中遭遇的常规性或规范性发展挑战，这些挑战通常与特定年龄或生命阶段相关，反映了社会对于个体在特定时期的角色和责任的期望。
② 纵向压力是指那些贯穿于生命历程，对成长和发展产生不利影响的急性和慢性挑战。这些压力源可能包括持续性的社会、经济或健康问题，它们在时间维度上对个体的发展轨迹构成长期的负面影响。
③ 个体的优势（Strength）和挑战（Challenge）取决于他们对特定情境的定义以及文化嵌入价值的表达。个体的优势和挑战相互作用，共同塑造其生活轨迹。在考虑环境所带来的风险时，优势和挑战之间的动态关系变得更加复杂，因为个体必须适应不断变化的社会和文化环境，以优化其生活质量和发展前景。这一过程涉及个体资源、能力与社会环境之间微妙的平衡与调整。

·29·

tems）。意义系统是个体或群体用来理解和解释世界的信念、价值观、符号、语言和文化框架的集合体，它是一个涉及认识、知觉、观念、情感、道德、理解以及判断的一般性思维的多维综合性概念。意义系统的形成取决于那些影响福祉和健康的因素的文化建构，因此它是一个复杂且多层次的概念，不仅受到个体内在条件和外部环境的塑造，还受到文化和社会背景等因素的影响，导致每个个体的意义系统可能存在差异。在个体层面上，意义系统表现为个体的价值观、信仰等，它反映了文化适应等社会化过程，能够将个体的经验塑造为促进个体成长或对个体发展构成障碍的因素，即意义系统可以促进或阻碍抗逆力的形成，这取决于资源对于使用它的人究竟具有何种意义。在集体层面上，意义系统则体现为家庭、社区、政府等基于协商而采取行动提供和分配有意义的资源，同时包括集体信念，这揭示了意义与抗逆力关系的一个维度，即社会生态和物理环境的意义塑造了机会的创造。因此，意义系统在个体层面和集体层面都扮演着关键角色，影响着抗逆力的形成和发展。

抗逆力的机会结构和意义系统取决于个体根据自身内在条件对其所需资源的驾驭（Navigate）[1]、探索、辨别和选择的能力，以及与外部环境协商（Negotiate）以获取这些资源的能力。驾驭体现了个体的能动性和动机，特别是指置身于风险中的个体有能力在其所处的社会生态环境中寻求用于积极发展的可用资源，如通过不同渠道获取信息、建立人际关系网络和利用机会等。为了最大限度地获取资源，个体需要基于自身内在条件和对外部环境的认知，制定适当的驾驭策略。协商涉及个体在与他人、组织和社会环境互动中，如何实现资源的获取和利用，这需要个体的沟通、协商、决策、适应等方面的能力，以及对外部环境的理解和把握。机会结构和意义系统是影响抗逆力的两个关键方面，且在整个驾驭和协商过程中，资源仅能以个体认为有意义和有帮助的方式和文化形式提供。当个体自身条件所驾驭的资源不足以抵御逆境时，与外部环境资源的拥有者进行对话、谈判、交易、协商以获取抵御危机的资源变得相当重要。因此，生态抗逆力理论指出，对处于压力中的个体而言，社会生态因素（包括家庭、学校、邻里、社区服务、公共文化服务、风俗习惯等）可能比个体因素更为重要。

总体而言，对抗逆力的理解涉及对个体、家庭、社区在压力情境中所扮演角色的区分。抗逆力被视为一系列促使人类积极发展的生态因素相互作用的产物，其中，个人应对能力及其所拥有资源的状况受到个体所面临挑战性质的显著影响。21世纪初期，抗逆力研究在理论上的突破表现为将抗逆力概念化为个体与

---

① 驾驭是指个体寻求心理、社会、文化和物质帮助的能力或可以获得帮助的可能性。

其所处环境之间的互动过程，其中，环境中的危机与挑战成为激发抗逆力的先决条件，同时环境也具有塑造人格和个人发展轨迹的作用。学术界将研究焦点集中在塑造个人轨迹的社会和物质环境上。由此，抗逆力研究从早期对个体属性的关注，发展到系统理论下对个体与环境互动的关注，进而演变为当前对社会生态学的关注，以及对跨社会空间、时间特性的情境变化的关注。这一系列的理论研究进展对抗逆力的定义、测量、干预项目等方面产生了积极的推动作用。生态抗逆力的提出标志着抗逆力研究新方向的产生，它更强调在压力下能促进个体积极发展的社会生态能力，而非个体在风险暴露中进行恢复的个人动力。生态抗逆力进一步强调了个体所置身的社会环境和发展过程的重要性，代表了抗逆力理论的"综合"与"超越"。正如田国秀和李冬卉（2019）所总结的，生态抗逆力将抗逆力研究推向了一个新的层面，它将研究对象视为主体与生态环境的共生，研究主体通过调动自身能量与环境资源进行交换互动的过程。为了深入理解抗逆力，必须充分探究个体经历逆境的情境，以及个体能否及如何与周边的社会生态和物理环境特质建立关系。这一研究路径要求我们不仅要关注个体内部的适应机制，而且要关注个体与环境之间的相互作用，以及这种相互作用如何影响个体的抗逆力表现。

Ungar（2011）虽然以综合性和超越性的方式提出了生态抗逆力的概念，并通过函数表达式予以清晰阐述，但概念中包括的生态系统 E 的庞大性和复杂性使 E 的具体内涵模糊不清，这一不确定性可能会影响生态抗逆力在实际应用中的可操作性。因此，有必要对 E 进行明确的界定、分解和深入分析，以将生态抗逆力构建为一个具体且操作化的概念。此外，现有的抗逆力研究尚未充分考虑社区、文化、社会生态等因素，尤其是文化敏感性的问题。例如，不同的群体是如何界定抗逆力的？在日常生活中，抗逆力对不同群体而言意味着什么？这些问题涉及地方文化和社区在国家、跨国乃至全球系统中的嵌入性，它们显著影响个人的经验以及个人所在家庭和社区的动态。因此，将抗逆力放置于具体的情境和文化中进行理解分析，包括对"在逆境中做得好"这一概念的理解，即个体或组织在面对困难、挑战或不利情况时，能够以积极、有效的方式应对，实现自身目标和价值。在不同国家、民族和地区，人们对于个人与他人的关系有不同的理解，这影响到家庭和社区和谐关系的维护是否比个人的思想、情感和愿望更为重要，以及文化上是更强调依赖性还是更关注自主性和个人主义。许多抗逆力研究由于过分关注个体的能动性，而忽视了社会政治、经济和文化因素对个体发展路径的广泛影响，即缺乏对抗逆力过程的动态关注。同时，抗逆力研究中对风险和冲击的定义正逐渐从单一和急性暴露风险（如灾害）转向复合多重和慢性风险与冲击的叠加。然而，一个经常被观察到的特征是，社会经济地位较低的群体更容易受到风险的影响。社会快速转型和变迁期会面临更多风险，而风险因素在社会各个群体间的分布是不均衡的，各个群体对风险和冲击的控制能力和吸收能力也存在差异。

第三节　社会生态系统理论与生态抗逆力
研究的结合及评述

社会生态系统理论（Social Ecological System，SES）起源于20世纪七八十年代，该理论为深入解析抗逆力提供了独特的理论视角和分析框架。在这一理论框架内，人类及其生活方式与生态系统的其他组成部分（如动物、植物、水、土壤等）被视为相互联系和相互依赖的实体，这种联系揭示了它们之间复杂且不确定的交互作用，这些作用共同塑造了彼此的动态变化。社会生态系统理论整合了系统论、社会学和生态学的核心原理，旨在探讨人类行为与社会环境的相互作用。作为一种跨学科的理论框架，它适用于解析人与自然环境之间复杂、动态的相互作用，并强调社会系统（如人类社会的经济、文化、政治子系统）与生态系统（如自然环境中的生物和物理过程）之间的相互依赖性和共生关系。部分学者提出的整合视角强调了"人在情境中"的概念，即人与环境之间的统一性和整体性。之后有学者在此基础上进一步阐释，社会生态系统并非一个简单的"人类系统嵌入生态系统"或"生态系统嵌入人类系统"的模型。相反，社会生态系统是一个独特的系统，其特殊性在于人类有能力创造新的方法和途径，通过创新来塑造系统的未来，这一理论强调了人类的主观能动性和创新性在生态系统中的作用。

布朗芬布伦纳在其著作《人类发展生态学》中提出了一种理论视角，将个体与其生活环境视为相互联系和作用的系统。他构建了一个具体的系统模型，该模型依据个体与环境互动的密切度和频率，将社会生态系统结构化地划分为四个具体层面，即核心层的微观系统（Microsystems）①、第二层的中间系统（Meso-

---

① 微观系统是指个体直接接触的系统，该系统对个体的影响较大，在无形中使个体形成特有的行为方式、价值理念和人际关系。

systems)①、第三层的外部系统（Exosystems）② 以及最外层的宏观系统（Macrosystems）③。这四个层级系统以同心圆的结构层层镶嵌，并随着时间推移而发生变化。布朗芬布伦纳特别强调了个体与环境的交互作用，尤其是近端交互对个体发展的重要影响。在此基础上，扎斯特罗和阿什曼（2006）在《理解人类行为与社会环境》中进一步阐释了人与社会环境的关系，他们认为，社会生态系统是一个具有层次性的多重系统。他们提出，可以利用这一理论框架来考察个体与其所置身环境的互动关系。个人的生存环境被视作一个完整的生态系统，由一系列相互联系的因素构成，形成了一个功能性的整体，这些因素包括家庭、朋友、工作职业、社会服务、政府、宗教等。个体在生存环境中不仅受到各种不同社会系统的影响，而且持续和积极地与其他系统相互作用。他们将人的社会生态系统大致区分为三种基本类型：微观系统（Microsystem）、中观系统（Mezzosystem）、宏观系统（Macrosystem）。其中，微观系统指的是置身于生态系统中的个体；中观系统指的是与个体直接接触的群体；宏观系统则是指不与个体直接接触的其他社会系统。在微观系统中，扎斯特罗和阿什曼创造性地加入了个人生理和心理等因素，并强调了它们之间的相互影响和作用。虽然扎斯特罗和阿什曼对社会生态系统的划分相对布朗芬布伦纳而言更为简单和粗略，但他们将个体视为系统的一部分，这一观点打破了个体和环境之间的相互对立关系，从而超越了布朗芬布伦纳对个体和环境关系的理解，为社会生态系统理论增添了新的维度。社会生态系统理论强调将个体放置在一个整体的系统场域下进行观察和探讨，它以宏观的视角关注人与环境间各系统的相互作用和联系，以及它们对人类行为产生的影响。这一理论框架为理解和分析个体发展、社会关系和环境互动提供了有力的理论工具和方法论指导。

将社会生态系统理论引入抗逆力研究领域，为我们提供了一种更为复杂、明晰且互动的框架，以描述系统内部的关系，并为这些交互关系赋予更全面的抗逆力理解。这一理论视角允许我们将个人的适应过程扩展至家庭与社会脉络（如机构、团体、社区、组织等）中进行考察。利用社会生态系统理论，我们能够结合个体所属群体的特征，细致地梳理家庭、社区、机构、文化、习俗、制度等多元因素对个体影响的复杂性。有学者将抗逆力理论与脆弱性④相结合，并将其应用

---

① 中间系统是由个体所置身的不同的微观系统之间的联系与互动所构成的。

② 外部系统是指那些个体并不直接参与，但对其所嵌入的微观系统产生显著影响的系统。

③ 宏观系统是涉及个体所生活的整个社会环境，包括文化、经济、政治和法律等广泛的社会结构和制度。该环境直接或间接地影响着个体的发展。

④ 脆弱性描述的是系统在面对内部或外部压力时，易于遭受损害或破坏的特性。

于社会生态系统的分析中。刘玉兰和彭华民（2012）指出，社会生态系统理论自20世纪70年代起在社会工作领域得到广泛应用，它从人与环境互动的角度出发，考察影响人类行为的各个层次的因素。至20世纪90年代，对社会生态系统理论和优势视角的整合，已成为研究的主流模式。抗逆力理论基于系统论的优势视角，强调挖掘个体潜能以克服逆境，克服逆境的过程是个体参与并实现积极成长的生态复杂多维过程，它依赖于社会生态和物理环境为个体提供的机会。

当抗逆力作为一种结果被衡量时，个体的特征、行为和认知被视为个体所置身的更为广泛的生态环境所促成的积极发展过程的产物。社会生态系统是自然环境与人类社会相互影响下的复杂适应系统，因此，在思考抗逆力时，我们必须认识到这个概念所包含的复杂性、不确定性、历史性和阈值效应。社会生态系统所展现出的相互依存性、复杂性、动态性、非线性、不确定性和未知性等特点，为抗逆力研究提供了分析基础，并且与生态抗逆力理论在逻辑上相一致，即两者都并非一直处于稳定的、单一不变的和静态的状态，它们都能用于理解复杂系统的动态变化、不确定性。此外，还要考虑到生命历程①中风险与抗逆力的多个影响层面，如家庭、同辈群体、学校、工作环境以及更广泛的社会系统，这些组成了背景脉络。

从社会生态系统框架出发，对抗逆力进行动态研究，已逐渐成为当前研究的一个显著趋势。将社会生态系统理论与抗逆力理论相结合，不仅为研究和实践提供了更为全面的视角和工具，而且在应对全球环境变化和推动可持续发展方面，提供了强有力的理论指导。在过去五年中，国内学者在将这两者结合的研究方面取得了显著进展，既有理论译介，也有本土化实践探索。研究主要集中在儿童抗逆力和家庭抗逆力领域，涌现出了一系列丰富的实证研究成果。这些研究涉及留守儿童、单亲家庭儿童、流动儿童、孤儿等弱势群体。其中，刘玉兰和彭华民（2012）基于流动儿童开展抗逆力实践项目，成功地将优势视角与生态系统理论相结合，从系统整合和方法整合两个方面，对流动儿童的抗逆力提升策略进行了深入探索。王然（2015）对 Ungar 的文化生态观视角下的国际抗逆力项目研究数据进行了解读，验证了在文化和环境基础上人们对抗逆力含义的共同理解。刘阳（2017）对灾害抗逆力（Disaster Resilience）的理论内涵进行了深入研究，并从社会生态系统理论分析框架的角度，考察了灾害抗逆力的多维特性，提出灾害抗逆力应涵盖向过去学习、应用于当下和防范于未然的三种能力。同雪莉和卢丹洋

---

① 生命历程（Life Course）是指个体在一生中不断扮演/经历的由社会界定的角色/事件，这种事件/角色是按年龄分级的，并受文化和社会结构的历史性变迁影响。

（2018）梳理和分析了抗逆力研究的生态论演进过程，以及进一步开展相关研究的原则和方法。同雪莉（2019）通过对 60 名留守儿童的深度访谈，并结合生态系统框架，探讨了留守儿童抗逆力的生成机制。这些研究成果极大地推动了社会生态系统理论与抗逆力理论的进一步融合，为理解个体与社会环境之间的复杂互动提供了新的理论视角。

然而，现有研究仍然存在视角单一、研究方法和理论框架具有局限性等不足，具体表现在以下两个方面：一方面，对社会生态系统理论的运用尚局限于笼统地将其做简单的系统层级划分，对研究对象抗逆力的分析主要从每层系统内部的互动过程出发，即仅对来自微观、中观和宏观系统的影响力分别加以描述和分析，而较少或极大地忽略了对各系统之间（层际之间）互动的分析，以及对因层际之间互动而产生的对研究对象影响的分析。正如刘玉兰和彭华民（2012）所指出的，在社会生态系统中，抗逆力是各种力量互动博弈的结果，既包括系统之间的互动，也包括系统内部的互动。微观、中观和宏观系统之间的层际互动同样会影响研究对象的积极适应，而现有研究尚缺乏对此种层际之间交互的深究和剖析。另一方面，现有研究尚未能够与时俱进地结合抗逆力理论研究的新阶段特点进行探索。自 21 世纪以来，随着社会抗逆力、生态抗逆力概念的提出，抗逆力理论研究越来越关注社会环境和发展过程，强调外部资源环境、社会结构（塑造个体行为和社会关系）、文化适应的影响作用，以及有效地建构和完善相应的社会政策，从而为逆境中的主体提供更为有效的资源和切实可行的协助，帮助其达到积极适应，而不只是研究个体特质。研究者应考虑如何通过改变个体的生态系统来增强其抗逆力，而不只是关注其个人特征。学术界应进行进一步的理论探讨，在更广泛的范围针对不同群体进行实证研究。

综上所述，将社会生态系统理论与生态抗逆力理论相结合，对于构建一个更为综合、系统且具有适应性的理论框架至关重要。此框架旨在有效应对环境与社会挑战的复杂性，推动可持续发展的进程，并增强系统整体的抗逆力与适应能力。特别是社会生态系统理论的应用有助于深化对生态抗逆力理论中 E 的理解，可以构建一个更为清晰且有解释力的理论框架，进而为研究对象提供具体且可操作的方法。在此过程中，对 E 的阐释不应局限于简单的系统层级划分，而应扩展至对系统层级内部的互动过程以及系统层际之间的互动过程的深入探讨。这一探讨旨在揭示这些互动过程如何影响个体抗逆力的形成，同时，还需进一步考量这些影响随时间推移的变化趋势及其具体性质。

第三章　研究设计及研究方法

对绿色转型受影响群体抗逆力的研究从本质上来说，其核心宗旨在于揭示该群体有效应对逆境挑战的方法与规律性特征。绿色转型受影响群体生活在一个特定的社会生态环境之中，其生活状态与转型紧密相关。因此，研究必须仔细考量该群体所在的社会生态环境因素，从社会生态系统理论视角对该群体的抗逆力进行深入解析。首先，本章将对绿色转型受影响群体的社会生态环境背景进行详尽的描述与分析；其次，针对研究目标和研究问题，构建本书的理论框架，以指导后续的研究实践；最后，将对选取的研究方法进行详细阐述，确保研究的科学性和有效性。

第一节　绿色治理和转型历程下的 Y 镇

HL 市位于河北省中西部，总面积为 603 平方千米，山区、丘陵、平原各占 1/3，辖 9 镇 3 乡和 5 个园区、208 个行政村，户籍人口为 44 万人，常住人口为 55 万人。2023 年，地区生产总值达 397.44 亿元，比上年增长 6.1%；全部财政收入为 72.71 亿元，较上年增长 13.04%；城镇居民人均可支配收入和农民人均可支配收入分别为 46145 元和 27868 元，较上年增长 6.3% 和 6.9%[①]。HL 市地理位置优势较为明显。该市西倚太行、东环石家庄地区中心城区，地处晋、冀两省交通咽喉。HL 市所辖 Y 镇位于三个县的交界处，具有先天的交通便利优势，总面积为 69.97 平方千米，辖 23 个行政村，人口为 2.9 万人，其中，农业人口为 2.8 万人，原有耕地 3 万亩。

---

① 数据来源于 2024 年 1 月 HL 市政府办公室发布的《HL 市政府工作报告》。

一、Y 镇水泥行业发展的历史脉络

在中华人民共和国成立之前，Y 镇的经济结构以自然经济为主导，缺乏工业和商业，仅有一些零星的作坊和小货摊。中华人民共和国的成立标志着 Y 镇经济发展进入了一个新的历史阶段，逐步有工厂和公司入驻，所辖村庄也开始向工业化转型。改革开放政策的实施为 Y 镇的经济发展注入了新的活力。在这一时期，HL 市出台了一系列方针政策，农业上推行家庭联产承包责任制，工业上进行整顿提高、调整改革，并鼓励和扶持社队工业的发展。1979 年，中共中央发布了《中共中央关于加快农业发展若干问题的决定》，明确提出了社队企业要实现大发展的目标。同年 7 月，国务院发布了《关于发展社队企业若干问题的规定（试行草案）》，文件进一步鼓励社队企业的发展。1984 年，中央文件将"社队企业"正式更名为"乡镇企业"，标志着社队企业在国内经济中的重要地位得到了正式认可。为了贯彻落实中央文件的精神和要求，HL 市实行了改革开放政策，并逐步将工作重点转移到社会主义现代化建设上。在这一过程中，HL 市加强了县办工业调整和整顿，发展社队企业，促进个体经济的发展，并发布了一系列具体的政策措施，对社队企业给予扶持和帮助。在政策的鼓励和引导下，乡村干部群众发展社队企业的积极性不断高涨，发展规模不断扩大。社队企业以其市场灵活性，最终成为国民工业经济的重要组成部分。1985 年，Y 镇桥西村西北占地 40 亩、投资 60 万元、年产 3 万吨的 LQ 县建材一场成立，标志着 Y 镇乃至县域北部乡村地区乡镇水泥企业发展的开始。同年底，东方村、桥中村和 Y 镇，在东方村村北占地 50 亩，联合筹建了"××建材一厂"生产水泥，年产低标号水泥 2 万吨，职工人数达到 120 人。随后，南方村、于家村、王村、高家村、鲍庄村、西方村、东方村等村也纷纷开始筹建水泥厂。截至 1993 年底，Y 镇已有建材企业数十家，年产量达到 60 万吨。这一时期的政策导向和市场机遇为 Y 镇的工业化和经济发展奠定了坚实的基础。

二、Y 镇水泥行业的兴起

水泥行业具有较高的资源依赖性，主要分布在石灰岩矿区，因此，水泥企业的分布以集中布局为主，以分散布局为辅。HL 市的水泥产能分布集中，这主要是因其地处太行山腹地，蕴藏广泛而丰富的石灰岩资源，探明储量达 7.9 亿吨，具有发展水泥产业得天独厚的条件。HL 市曾是华北地区重要的建材基地[①]。"靠

---

① 2014 年，HL 市经历了行政区划的调整，从县级市改升格为地级市，并开始了撤市建区的进程。

山吃山"的发展思维，使大量自下而上发展的以"小规模、大群体"为特征的乡镇工业企业，特别是水泥企业大量涌现，并逐渐成为 HL 市的主要支柱产业，42 家（包括个体、联合体）水泥企业的固定资产达到 16673 万元，年产能为 125 万吨。1995 年，水泥产量达 202.8 万吨，产值约 3.05 亿元，销售收入 3 亿元，利税 4042 万元。HL 市以资源型产业为主导，以水泥加工为主的建材产业成为其主要经济来源，其对财政的贡献率曾一度达到 52%。1996 年，Y 镇在与邻乡合并之后建设了 16 条水泥生产线，成为名副其实的地方工业重镇。依托地方石灰岩资源，自改革开放发展社队工业和乡镇企业开始，Y 镇形成了以建材、水泥为主导的乡镇工业体系区域集群，约占 Y 镇工业总产值的 80%、税收的 90% 和就业人口的 60% 以上。据报道，Y 镇平均有 71% 的农户有劳动力在水泥及其附属行业就业。Y 镇属于 HL 市经济强镇，曾被誉为"河北省百强乡镇"和冀中地区的"水泥之乡，建材基地"，Y 镇曾连续五次入围"全国百强县"。2008 年，HL 市城镇化率为 23.8%，其非农产业的就业比重达 67%，非农收入占家庭整体收入的比重也越来越大，地方经济的高速增长也推动着非农化过程。60% 以上的乡镇农民以本地化就近非农就业转化为主，产业分散式的布局使多数非农就业的劳动力可以不用选择到生活成本相对较高的城镇居住，而仍居住在农村，从而造成 HL 市工业化程度远高于城镇化水平的局面。Y 镇半数以上的村庄都涉足水泥企业，鼎盛时期曾拥有 72 家水泥企业和粉磨站，其中，熟料和水泥产能约 2960 万吨，直接在水泥企业从业的人员大约有 6000 多人，2011 年全镇税收达 1.005 亿元。

为顺应国家政策开展体制改革和企业改制工作，1999 年 HL 市积极推行股份合作制，出台《关于推进乡镇企业产权制度改革的意见》（HL 政府文件），进行企业产权制度改革，开始把乡镇企业真正推向市场。例如，将石家庄水泥有限公司等企业由集体所有制改为民营股份制。改制后，企业经济效益大幅度增长，平均增长速度能达到 50% 以上。到 2007 年，HL 市所有乡镇企业都转为民营企业。Y 镇的水泥经营者借势进一步扩大企业经营规模，大批新的民营水泥企业逐渐涌现在东松口高速公路两侧，组成水泥产业专业化集聚中心，也被地方称为"水泥走廊"。由于水泥行业的兴旺，Y 镇的外地人口突增，同时在乡镇衍生出一系列三产服务行业，创造了大量非农就业机会，集镇开始繁荣。不但"水泥走廊"两侧分布着众多饭店和旅馆，Y 镇镇政府旁南方村的街道两侧也汇聚了众多饭店、五金店、磨机配件销售点、机械维修站、编织袋厂、旅店、便利店等，众多相互关联的产业得到集合，形成了以水泥行业为中心的相关产业链条，进一步推动了地区人口、资源和建材产业集聚以及配套环境的形成，确保了地区剩余劳动力的有效转移，同时也为地方公共服务设施的建设和改善创造了一定的条件。Y镇发展水泥产业的优势非常明显，包括紧靠原材料产地便于就地取材、小型水泥企业进入行业门槛低、技术要求较低、地方劳动力资源丰富、水泥产品运输的区位优势明显①、地方政府对民营企业的政策支持②等。

三、Y镇水泥产业带来的环境和发展问题

水泥产业在Y镇的经济发展历程中扮演着重要角色，它不仅为当地民众提供了大量的就业机会，而且对地方政府的税收贡献高达90%，从而显著提升了民众的生活水平。然而，水泥产业的快速发展也对当地生态环境，尤其是大气环境，造成了显著的压力。这种压力主要体现在以下几个方面：首先，水泥生产的技术水平普遍较低，尤其是在众多小型水泥企业中。这些企业往往采取粗放型的资源开采方式，以滥采乱挖的手段获取原材料，同时缺乏先进的生产技术和污染治理设施。这种状况导致了资源利用率的低下、能源消耗的剧增、产品质量的不稳定，以及在生产过程中大量污染物的排放。根据统计资料，小型水泥企业生产1吨熟料需要消耗的标准煤高达140千克，相较于大型水泥企业，其矿石消耗量多出1.4~1.5倍，充分暴露出其资源利用效率的低下。其次，环境污染问题尤为严重。小型水泥企业对环境保护的重视程度不足，导致在生产过程中容易忽视对环境的治理，未能采取有效措施减少污染。这些企业普遍采用工艺落后的小型机立窑生产，极易产生粉尘污染。此外，水泥烧制过程中排放的二氧化硫、一氧化碳、二氧化碳等污染物，都对当地空气质量产生了严重影响。尽管水泥生产设备在不断更新升级，但受限于地区环境承载力和水泥企业数量的众多，导致排放密度过大，超出了大气环境的自净能力。因此，尽管多数企业通过升级环保设备以符合排放标准，但地方大气环境的改善仍然不够显著。

四、环境治理和绿色转型下的地方水泥产业

本书对HL市在过去二十年间针对水泥产业的治理工作进行了一个系统的历史性分析，将其大致划分为四个主要阶段，旨在深入理解治理工作的动态演变以及各个阶段的工作重点。具体而言，这四个阶段分别为：环境治理达标阶段

---

① 水泥行业因其产品特性而具有显著的区域性市场特征，其中，水泥产品的运输成本问题是影响市场布局的重要因素。通常情况下，水泥产品的销售区域限定在离生产地约400千米的范围内。位于Y镇的水泥企业，其地理位置优势使产品运输范围覆盖了北京、天津等地，运输距离最远可达陕西省。

② 政府对于民营企业的政策支持体系旨在促进企业的可持续发展，其中包括鼓励企业走质量效益型发展模式，通过从外延式增长向集约化经营的转变，重点推动品牌建设、规模扩张等。

（1997~2005 年）、产业升级和发展中治理阶段（2006~2009 年）、强力淘汰落后产能攻坚阶段（2010~2014 年）和后水泥产业及转型阶段（2014 年以后）。

（1）环境治理达标阶段：1997~2005 年，主要依靠行政手段开展环境治理，着重于提升水泥产业的环境合规性。

1997 年，地方政府遵循"治理达标、调整结构、淘汰落后、控制总量"的总体战略思路，依法取缔了 1.83 米以下磨机和 2.2 米以下机立窑水泥企业共计 39 家，并对所有在运行中的机立窑进行了整治，实现了年消减粉尘排放量 12 万吨的显著成效。自 1997 年起，HL 市及 Y 镇就被确立为河北省节能减排的重点和试点区域，该区域主要采纳了"总量控制，适度集中，关小上大，等量替代，多措并举，梯度推进"的节能减排策略。在 HL 市政策的指导下，Y 镇实施了三项措施以推进节能减排工作。首先，Y 镇通过关停措施促进减排。该镇制定了严格的标准，坚决关停小型水泥企业的机立窑生产线。在此过程中，政府将拆除任务具体分配至每位领导干部，并对未完成节能减排任务的干部实施问责制和"一票否决"机制。同时，镇政府与企业签订责任状，对全镇 29 家有节能减排任务的企业建立台账，并制定了明确的节能方案，将责任具体落实到每位机关干部，即责任到人。其次，Y 镇通过工程项目推进减排。该镇主要通过合并小型水泥企业，鼓励和支持组建符合国家产业政策要求的大型水泥企业发展，以此优化产业结构。最后，Y 镇加强了监管力度以促进减排。例如，该镇监督企业完善排放口治理设施的建设，确保企业达标排放。

1999 年，HL 市依据法律法规对 50 家污染严重的小型水泥企业实施了拆除，有效遏制了环境污染的恶化趋势。进入 2000 年，该市启动了以水泥和采石行业粉尘污染治理为核心的环境保护攻坚十大工程，首要任务是对水泥企业的综合治理以及对采石（滑石粉）企业粉尘排放的治理。2001 年，HL 市进一步要求水泥企业将传统的机立窑水膜除尘器升级为国内先进的静电高效除尘设备，以确保企业排放稳定达标。2002~2003 年，HL 市对水泥企业提出了"远看无烟、进厂无尘、清洁生产、花园工厂"的环保治理要求，并开展了"零点行动"，对境内所有小型水泥企业采取了强制性关停措施，共计关停 42 家水泥企业的 78 台机立窑。此外，通过"闪电行动"，对水泥、铸造、造纸等行业的 379 家企业进行了排污情况的突击检查，对检查中发现的 46 家超标排污企业实施了停产整顿，并依法给予了罚款。2004 年，HL 市对产业结构进行了优化调整，提出了"调整结构，上大压小"的工作思路，旨在从源头上控制污染。在此思路指导下，一方面，该市通过技术改进，集中建设了三条 30~120 万吨的回转窑生产线；另一方面，取缔了相同产量的十几条机立窑生产线，以此推进产业升级和环境保护的协同发展。

在这一阶段，HL 市政府开始积极采取一系列行政手段和措施，以关闭和淘汰技术、工艺较为落后的小型水泥企业，并持续开展环境整治和产业调整活动。值得注意的是，这一阶段也正是水泥产业经历立窑技术快速发展的时期。立窑的直径经历了显著的增长，从 2.2 米发展到 2.5 米、2.8 米、3 米、3.2 米。这种技术进步不仅提高了生产效率，也降低了生产成本，从而增强了水泥企业的市场竞争力。

（2）产业升级和发展中治理阶段：2006～2009 年，构建"和谐 HL 市"，转变经济增长方式，主要通过"上大拆小"推动产业结构的优化升级，以及在产业发展过程中实施的环境治理。

2006 年，《印发关于加快水泥工业结构调整的若干意见的通知》明确指出，应通过"上大改小"、补贴及赎买等多种措施，淘汰落后生产能力，以改善环境质量，缓解能源与资源压力。该通知建议有条件的地方政府应设立专项资金，用于对重点地区水泥立窑拆除的补贴。2007 年，党的十七大进一步提出了在转变经济发展方式中坚持创新驱动、城乡统筹、节约资源、保护环境的原则，强调以人为本，实现人口、资源与环境的协调发展。在此背景下，HL 市积极调整其发展思路，转变经济发展方式，着力改善单一的产业结构，加强企业污染治理。该市响应国家"上大拆小"的产业政策，连续开展攻坚行动，对水泥企业进行全面技术升级，推动清洁生产，强化环境污染治理。具体措施包括：一方面，淘汰落后产能，拆除污染严重的机立窑，转而采用旋窑生产高标号水泥。另一方面，鼓励企业加大技术引进和环保设备升级的投资。此外，通过拍卖、租赁、兼并等手段，对小、微、亏企业进行机制和资产的盘活。同时，HL 市制定了《关于重点污染单位限期治理量化管理实施方案》等文件，限制污染企业入驻，督促企业污染治理。

依据"综合施策、合理补偿、早拆重奖"的原则，HL 市在 2007 年颁布了《关于加快水泥行业结构调整的实施意见》，在该政策文件的指导下，同年成功拆除了 24 座直径为 2.5 米以下的机立窑水泥生产线。继而，在 2008 年与 2009 年，该市再次实施了两次集中拆除行动，累计拆除 75 座水泥机立窑，总计淘汰落后产能约 654.4 万吨，从而标志着水泥立窑生产在 HL 市的历史性终结。2008 年，面对全球金融危机对我国经济的深远影响，中国政府为稳定国内经济形势、保持经济的平稳较快增长，推出一系列包括基础设施建设、住房建设等在内的十项宏观经济政策措施。这些措施的实施不仅直接刺激了市场对水泥产品的需求，而且间接促进了水泥行业的整体发展，进一步带动了相关产业链的繁荣。在此背景下，HL市迎来了新一轮水泥企业建设的高潮，地方水泥企业呈现复苏与繁荣的态势。

在这一阶段，HL市政府确立了实现全市更好更快发展、构建"和谐HL市"的两大战略任务，并调整了发展理念，强调在发展中治理，注重产业结构的优化升级。HL市采取了包括拆除辖区内所有生产小型水泥的机立窑等措施，这些措施取得了显著成效，2008年HL市单位工业增加值能耗标煤、二氧化硫和化学需氧量分别比2005年降低35.74%、42.9%和49%，提前两年达到国家"十一五"节能减排控制目标。值得注意的是，在这一阶段，旋窑技术开始兴起，HL市开始对使用立窑技术的水泥企业进行技术改造或淘汰，以建设现代化旋窑水泥生产基地为目标，以控制污染总量为原则，适度发展大型水泥生产企业。此外，为了进一步减少环境污染，HL市还完善了治污设施，对原有除尘设备进行更换或改造，以确保达标排放。

（3）强力淘汰落后产能攻坚阶段：2010~2014年，强力淘汰落后产能，通过攻坚行动，加速产业转型升级，减少环境污染。

HL市政府明确提出了转变"靠山吃山"这一传统发展观念的战略目标，致力于推进工业发展模式从粗放型、资源型依赖性向集约型、科技驱动型转变。在此基础上，该市开展了以建材业为核心和重点的淘汰落后产能和过剩产能的攻坚战役，通过实施"拆窑留磨""拆磨清仓""断尾求生"等一系列具体行动，优先关停了排放超标的企业。作为水泥重镇的Y镇，自2010年起便开始贯彻落实上级政府的部署，推行安全包企工作制度，确保了责任的具体落实和有效监督。全镇被划分为八个安全生产片区，由八位镇领导分别担任片区长，其他干部则对应分包企业，以此加强对企业安全生产的督促与管理。资料显示，2011~2012年间，当地政府开展了水泥粉磨企业拆磨清仓的攻坚行动，共拆除80座直径3米以下的水泥磨机和720个料仓，淘汰的水泥产能高达1085万吨。在全市范围内涉及的55家企业中，Y镇就占了34家，占比达到61.8%。2011年，河北省在"十二五"节能减排综合性实施方案中提出，要在工业、建筑、运输交通、农业农村、商用民用和公共机构等多个领域全面实施节能减排措施，其中，工业领域成为重中之重。2012年6月，HL市完成了对全部13家采石企业的关停工作。2013年，国务院颁布《国务院关于印发大气污染防治行动计划的通知》（以下简称"大气十条"），通过对高耗能、高污染企业的限制，倒逼对资本和能源高度依赖的劳动密集型产业向高附加值、新技术产业以及环保产业转型，旨在实现环境治理与产业结构的优化。同年，（原）环境保护部、发展改革委等6部门联合发布《京津冀及周边地区落实大气污染防治行动计划实施细则》，该细则与《国务院关于印发大气污染防治行动计划的通知》共同提出治理目标，即到 2017 年，北京市、天津市和河北省的细颗粒物浓度在 2012 年的基础上下降约 25%。该细则的贯彻实施进一步加速了对水泥产业的治理和调整过程。

水泥产业作为 HL 地区的重要支柱产业，2013 年，HL 市政府制定了一系列详尽的拆除补偿和奖励标准。根据该政策，对于具备生产许可证的水泥粉磨企业，按照每万吨产能 17 万元的补偿标准进行拆除补偿[①]。在此框架下，HL 市政府根据"政府能承受、企业能接受、社会能认可、前后能衔接"[②] 的原则，由市和镇两级政府共同拨付专项资金，对辖区内拆除水泥企业的适当资金补偿进行了明确规定，其主要依据为企业产能。尤其对在规定时间内签订协议、按约定时间拆除的企业给予格外资金奖励，包括对第一批率先拆除的企业给予每台磨机 200 万元的奖励，第二批拆除的企业给予 100 万元的奖励，即"早拆重奖"。2013～2014 年，HL 市通过两次集中行动，共拆除 35 家水泥企业，减少产值近 61 亿元。这一举措使水泥产能压减了 1850 万吨，提前三年完成"淘汰水泥过剩产能 1500 万吨"的目标。在此过程中，HL 市不仅坚决淘汰对税收和就业贡献较小的落后产能，而且对符合产业政策但对排放贡献较小的行业和企业也实施了淘汰。此外，HL 市运用节能减排倒闭机制和"对标"手段，进一步推动水泥企业拆除料仓和磨机。据统计，2013 年 11 月至 2014 年 3 月，HL 市累计淘汰水泥过剩产能约 1943 万吨，占全省应化解水泥过剩产能总量的 1/3。2014 年，Y 镇成为 HL 市内拆除水泥企业数量最多的乡镇，压减过剩产能 1360 万吨，同时减少财政收入 2500 万元。

在这一阶段，HL 市政府为促进水泥产业的转型升级，采取了一系列政策措施，其中包括通过经济激励手段来引导水泥企业进行调整。具体而言，政府更多地采用"补贴"和"赎买"的方式，以关停那些技术落后、环境污染严重的水泥企业。在制定拆除方案时，HL 市政府主要借鉴广东东莞的做法，即由政府财政承担对水泥企业的补偿责任[③]。这种做法的核心在于，通过财政补偿这一经济

①　2014 年，HL 市实施的补贴政策规定，对于每万吨的年产能，政府将提供 19 万元的财政补贴。

②　该原则细节来源于 HL 市政府发布的《关于淘汰水泥行业过剩产能推进企业转型升级的意见》。

③　补偿对象涵盖所有关闭的水泥生产企业。补偿范围广泛，包括但不限于原设备生产能力的补偿、立窑扩径改造的补偿、立窑除尘器的补偿等。根据 2003 年的补偿标准，每万吨水泥年生产能力将获得 40~80 万元的补偿；对于已实施扩径的立窑，每条生产线将获得 20 万元的扩径技改费补偿。为确保补偿工作的公平性与公正性，HL 市政府委托了一家第三方机构（某省级建筑设计院），根据水泥企业的设备状况和工艺流程，对其产能进行科学鉴定和评估，从而保障了补偿措施的有效实施。

激励手段来平衡各方利益，特别是水泥企业、当地民众和政府之间的利益。通过这种方式，政府能够帮助水泥企业减轻因停产或转产而带来的财务负担，从而成功引导水泥企业进行停产或转产。

（4）后水泥产业及转型阶段：2014年以后，运动式行政手段强制环境治理及产业的转型与重新规划。

2015年标志着中国环境法规变革的重要节点，新修订的《中华人民共和国环境保护法》正式实施，而《中华人民共和国大气污染防治法》亦得到了修订。在此背景下，河北省确立了至2017年压减水泥产能6000万吨的宏伟目标，其中，1/4的任务分配给HL市。在此政策导向下，HL市的"小建材"企业被彻底淘汰，仅保留了经过省级技术改造的两家大型水泥企业及8条旋窑水泥熟料生产线。值得注意的是，位于Y镇的恒昌大型水泥国有企业亦在此列，其下属分厂计划在未来三年内搬迁到HL市的其他县。2016年5月，《国务院办公厅关于促进建材工业稳增长调结构增效益的指导意见》的发布，进一步明确提出在采暖地区的采暖期间，全面试行水泥熟料（含利用电石渣）的错峰生产政策。同年10月，《工业和信息化部　环境保护部关于进一步做好水泥错峰生产的通知》要求全国15个省市的所有水泥生产线实施错峰生产，从而将每年11月至次年3月的限产措施从企业自发行为转变为具有强制性的政策要求。2016年，Y镇将重点工作聚焦于在转型升级中寻求发展机遇。镇政府的战略思路可概括为"三提三转"，即确保发展稳定和生态环境建设，将转型升级视为首要任务，集中力量攻坚克难，完成产业结构的"换鸟"工作。在转型升级过程中，Y镇领导班子采取分工协作的方式，每人负责一至两家水泥企业的转型升级工作，通过政府的助力，力求在转型升级上取得新突破，成为北部乡镇的先锋模范。此外，Y镇继续致力于生态环境的改善，加大绿廊绿道建设的力度，重点实施东松口高速公路沿线矿山恢复治理工程，确保太行山绿化植被的高成活率，以此作为生态环境建设的重要篇章，旨在取得显著成效。

自2017年起，借鉴中央纪律检查委员会的巡视工作模式，中央环保督察组采纳了一种高强度的运动式治理手段，即通过"督查"与"巡视"对地方政府的环境治理工作进行监督。该模式是指治理主体在坚实的合法性基础上，围绕既定目标，动员各方力量，对特定的治理难题实施集中、短期、大规模的整治活动。这种治理方式通常具备集中性、时效性、广泛性、强制性和临时性的特征。在此背景下，HL市发布了各项文件。依据"取缔一批、整治一批、提升一批"的原则，实施了县（市）区长、乡镇长、村主任三级联动的"两断三清"负责制，全方位地开展了排查、整治、督察与问责行动。此外，HL 市还实施了"四包一"① 分包机制，旨在协助企业梳理转型思路，并持续推进重点行业的产能压减工作，其中涉及 HL 市的 4 家水泥企业。

  Y 镇在推进大气污染防治工作中，将其确立为核心任务，采取了一种创新的网络化管理机制，即"包企和包村"工作模式。在此模式下，构建了一个涵盖各村支部书记、主任以及各企业负责人的责任体系，其中，上述人员担任第一责任人，形成了分级负责、条块结合的责任监管架构，以此全面推进大气污染防治。在实施过程中，Y 镇政府采取了一系列超常规措施，特别是对重点企业实施 24 小时不间断的巡逻监管，确保防治措施的有效执行。Y 镇着重对排放挥发性有机化合物（VOCs）的企业进行了深度治理，强化了对重点污染企业的管控，严格执行了"五尘土治理"② "六个百分百"③ "两个全覆盖"④ 以及"洗路净城"等环境治理任务，以期持续改善大气质量。遵循相关文件的指引，Y 镇针对水泥等产业实施了精确的常态化错峰生产策略，并严格规范运输过程管理，以此减少大气污染物的排放。在国家和地方环境治理与绿色转型政策的实施过程中，Y 镇的水泥产业经历了改造、调整、升级、迁移直至关停的多个阶段。特别是在强力淘汰落后产能的关键攻坚阶段，Y 镇政府采取了节能减排的倒逼机制和"对标"策略，强制水泥企业彻底拆除料仓、卸下磨机，体现了政府在环境治理上的坚定决心和严格立场。在后期，政府通过实施"补偿"或"赎买"政策，对相关企业进行了关停，这不仅彰显了政府在环境治理中的积极作用，也为水泥产业的绿色转型提供了政策支持和路径指引。

<hr />

  ① "四包一"分包机制是一种创新的区域管理策略，其核心在于由 HL 市级领导、政府部门、乡镇政府以及乡镇"领帮代"人员共同构成的四级分包体系，对所辖区域内的重点产业项目实施协同管理。该机制强调通过周报告和月调度制度，实现项目进度的高效监控与协调，确保重点产业项目的顺利推进。

  ② "五尘土治理"策略主要是针对五大污染源——车辆、道路、企业、工地以及乡村开展系统的扬尘污染治理工作，旨在通过综合措施有效控制扬尘排放，改善空气质量。

  ③ "六个百分百"标准是对建筑施工工地环境管理提出的具体要求，即工地周边必须实现 100% 的围挡率，物料堆放必须达到 100% 的覆盖率，进出车辆必须完成 100% 的冲洗，工地现场地面必须实现 100% 的硬化，拆迁作业必须执行 100% 的湿法操作，以及渣土运输车辆必须确保 100% 的密闭，以此保障施工现场的环境卫生和空气质量。

  ④ "两个全覆盖"是指在整个施工区域内，必须实现视频监控和 PM10 在线监测系统的全方位覆盖，确保对施工现场的环境状况进行实时监控和数据分析，从而为环境管理和污染控制提供科学依据。

第二节　研究框架设计

本书以京津冀地区的河北省 HL 市 Y 镇为案例，聚焦于在国家环境治理和绿色转型政策实施背景下，因水泥企业关停而受影响的绿色转型群体。研究融合了社会生态系统理论和生态抗逆力理论，将 Y 镇的绿色转型受影响群体置于其所处的社会生态系统之中进行深入分析。研究旨在从个体与环境的交互过程中，探究绿色转型受影响群体的抗逆力形成机制。本书着重分析受影响群体如何调动、利用和驾驭自身所需资源以应对逆境的过程。这一过程涉及个体凭借自身的优势与劣势特质，与其所处的环境系统 E（按照层次划分的分层）中的各个保护因子之间的互动，以及该环境系统内意义系统与机会结构的生成。进一步地，本书探讨这三者之间的相互作用如何影响绿色转型受影响群体的抗逆力生成及抗逆结果。具体的研究框架思路如图 3-1 所示。

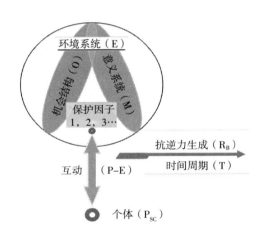

图 3-1　研究框架

具体来说，依据上述研究框架，本书的研究步骤如下：

第一，从绿色转型受影响群体微观层面分析影响抗逆力生成的各种因素。微观层面分析主要涉及村民个体及其家庭和亲朋邻里（个体内在的以及个体外部扩展的）对抗逆力形成的影响。具体而言，研究将考量绿色转型受影响群体所置身的家庭及亲朋邻里网络的影响，探究它们作为同个体密切相关且难以分割的部分，如何在微观层面发挥作用，促进绿色转型受影响群体抗逆力的生成与发展。重点分析微观层面中对于个体而言，可以从个体自身及与家庭、亲朋和邻里交互的过程中，通过驾驭和协商获得的可及且可用的机会资源及相应的意义系统。

第二，从中观层面剖析绿色转型受影响群体所置身的社区和企业的影响。中观层面包括绿色转型受影响群体所处的村庄社区和为他们提供工作的企业及工厂。分析它们如何作为绿色转型受影响群体的近端资源，影响该群体抗逆力的生成与发展。特别是要重点分析对于个体而言，可以从个体与企业、村庄的交互过程中，以及与个体密不可分的微观层面因素和中观层面因素的交互过程中，通过驾驭和协商获得的可及且可用的机会资源及相应的意义系统。

第三，从宏观层面探索政策、新闻媒体及文化环境的影响。宏观层面包括政府与政策、媒体、为绿色转型受影响群体提供服务的社会组织，以及对环境治理及绿色转型开展研究的研究者等。分析它们如何作为外部资源作用于绿色转型受影响群体的抗逆过程，特别是要重点分析对于村民个体而言，可以从个体与政府、社会组织、媒体、研究者和其他社会主体的交互过程中，以及微观层面因素、中观层面因素、宏观层面因素的交互过程中，通过驾驭和协商获得的可及且可用的机会资源及相应的意义系统。基于以上三级社会生态系统的不同社会主体，综合性分析它们对绿色转型受影响群体的影响。

第四，构建一个"实验室"环境，通过组织绿色转型多元交流会，进行各系统层际之间和层级之内的互动观察及实践干预，验证绿色转型受影响群体抗逆力的生成及作用机制，进一步探讨机会结构和意义系统的作用，并探寻针对绿色转型受影响群体抗逆力提升的策略。

总体而言，本书拟从抗逆力的内部构成及其外在表现来开展研究，通过分析个体积极应对逆境的情况，识别出其内外所有保护性因素。特别是当环境系统妨碍到个体发展时，个体是否以及通过何种方式来改善，以解除阻碍，获得发展和成长。基于本书研究框架，将绿色转型受影响群体放置于其所处的社会生态系统中分层级进行考察，分析他们的抗逆力形成过程，了解他们如何通过驾驭和协商获得其自身可及且可用的资源或机会，努力与周围社会环境互动，从而达到个体的自我适应或良好发展。

第三节　研究方法

研究方法的选择应与研究内容相匹配，以服务于研究目标的实现。本书旨在深入了解绿色转型受影响群体在面对逆境时的适应过程，这必然要求对个体与其所处社会环境之间的动态和长期互动进行深入探究，同时考虑文化背景、价值观、集体信念等因素对个体行为产生的深远影响。这些内容往往涉及复杂的社会文化现象，难以通过可量化的指标进行精确测量和计算。鉴于此，本书在研究设计上主要采用了质性研究方法，以捕捉和理解绿色转型受影响群体抗逆力的多维性和复杂性。此外，本书借鉴了转型实验室方法，通过开展绿色转型多元交流会，对绿色转型受影响群体的抗逆过程进行观察，并对其抗逆力的提升进行实践干预。这种方法论的选择旨在通过对个体和集体层面的深入分析，揭示绿色转型受影响群体抗逆力的形成机制，以及他们在社会生态系统中的适应策略，从而为政策制定和实践提供理论依据和指导。

一、质性研究方法

根据本书设计的研究框架，研究采用质性研究方法对研究对象开展长期深入的跟踪调查、观察和分析。首先，质性研究方法强调从研究主体的角度与行为出发。本书可以从绿色转型受影响群体的角度出发，理解他们应对逆境的经历、体验和感受，以及他们对自己所采取的应对行为意义的解释。其次，质性研究方法关注研究主体看待世界和描述世界的方式，这可以用来剖析研究主体是如何认识其所生活的社会生态环境的，同时找到对他们来说具有意义的本土概念。本书可以对绿色转型受影响群体进行细致深入的分析，特别是理解个体对其所置身的社区、企业、团体等社会环境为个体发展所提供的资源、机会，以及其生活经历赋予的意义。最后，质性研究强调在自然情境下对目标对象进行研究。质性研究认为，个体和社会组织的思想、行为、运行都与其所置身的社会文化环境紧密相连，必须将他们放置于所处的自然情境开展研究。

本书拟深入调研绿色转型受影响群体所生活的村庄社区，只有置身于他们生活的情境中，通过和他们进行长期、直接的互动，才有可能真实了解在他们应对逆境的过程中，各种保护因子（内、外）所发挥的具体作用。同时，质性研究也是一个不断演化和动态发展的过程。而本书中绿色转型受影响群体的抗逆力同样也是动态持续性发展的，不同因素之间的关系并非简单的线性单向关系，质性研究方法正好可以更加清晰地展现这一动态复杂过程，并运用语言文字对绿色转型受影响群体进行"深描"①。深描是质性研究中一种重要的方法论工具，它能够帮助研究者深入理解复杂的社会和文化现象，它不只是对表面现象的描述，而

---

① 深描是指对人类行为、社会事件或文化现象进行的一种详尽、深入且细致的描述与分析。

是试图捕捉和解释行为背后的文化意义、社会结构和个人动机。另外，抗逆力并非被动地接受环境影响和等待事情的进展，而是积极主动地与环境互动并展开行动，从而建构个体的经验世界，追踪式的质性研究也能够更有效地考察绿色转型受影响群体随时间的推移而产生的抗逆过程的演变。

此外，本书拟将绿色转型受影响群体放置在一个整体的系统场域下进行观察并探讨各系统层际之间的交互。"转型实验室"方法为本书在观察上述互动时提供了一种新的思路。2014~2020 年，国际社会科学理事会（The International Social Science Council）支持英国苏赛克斯大学英国发展研究所（Institute of Development Studies，Sussex University）的路径网（Pathways Network）开展了"转型实验室"（Transformation Labs，T-Labs）方法的全球比较研究工作。路径网在全球六个国家——阿根廷、墨西哥、肯尼亚、中国、英国和印度通过 T-Labs 这一实践干预手段，探索在环境变化的背景下，如何针对社会生态系统中涌现出的复杂问题提出创新的对策。北京师范大学的研究团队作为中国项目的合作方，主要聚焦于"绿色转型对边缘群体的影响"的研究。得益于该项目的实施，本书的研究获得了极大的支持，并且在研究过程中借鉴了转型实验室的应用，通过组织和开展绿色转型多元交流会，进行针对绿色转型受影响群体抗逆力提升的本土干预实践。

（一）转型实验室方法的起源及其使用范围

在过去 20 年间，众多科学家和活动家一直致力于强调，为了人类社会和地球的未来福祉，向可持续发展模式转型已成为一项迫切的任务。这种转型要求对当前的人与环境关系进行根本性的重新定位。具体而言，社会、经济和环境问题之间的复杂性、系统性以及相互关联性要求我们探索全新的解决策略来应对这些挑战。显然，人类需要采用不同的思维方式来理解这个复杂的世界，并且需要通过非常规的、高度战略性的合作方式来共同应对。这要求我们更全面地认识和理解这个我们所有人都赖以生存的共享系统，以便为整个社会的创新识别和创造适宜的条件。从地方到全球范围，越来越多的证据表明，人与环境的互动模式已经"锁定"（Lock-in）[①] 在不可持续的路径上，这些路径无法确保重要的生态系统服务以及人类健康和福祉的长期供应。转型实验室的概念提出了一种可能性，即通过社会创新来克服这种"锁定"状态，并实现根本性的变革。社会创新可以

---

① 锁定是一个经济学和社会学领域的概念，指代一种状态，即个体或组织在某一特定选择或路径上做出了重大的投资或承诺之后，由于各种原因（如沉没成本、行为惯性、网络外部性等），即便在未来出现更为优越的选择，这些个体或组织也往往因为改变或退出原有选择的难度而维持现状。

被理解为一种创新性的想法、产品、服务或流程，它能够解决或缓解特定的社会问题，并具有从根本上改变最初产生问题的系统的潜力。这种创新的实现，依赖于我们对复杂社会生态系统的深入理解，以及我们对促进变革的战略合作的精心设计。

为了充分实现社会创新的潜力，一个专门设计的多利益相关方参与过程——社会创新实验室被视为是至关重要的。社会创新实验室在功能上与传统实验室相似，它为参与者提供了一个实验和探索潜在解决方案的环境。社会创新应被理解为一个动态的过程，而不仅仅是静态的成果。尽管研讨会、工作坊和实验室可以成为推动变革的有用工具，但它们并非解决所有问题的万能钥匙。社会创新实验室的核心理念在于聚集一群具有互补角色和专长的个体，共同致力于探索和开发新的解决方案。因此，任何旨在引发变革的实验室工作，其早期阶段的设计和实施都至关重要。众多实验室过程的一个显著优势在于能够识别和聚焦共同关心的问题，这对于在突发危机事件发生后凝聚共识尤为重要。随着社会系统的复杂性日益加剧，我们不断面临着来自各个方面的意外挑战。在这些挑战面前，我们需要深刻理解正在经历的事件及其背景，包括事件的发生过程、原因及深层含义。在处理复杂系统中的棘手问题（Wicked Problems）① 时，最有效的方法是召集有意愿解决问题的个体进行集体讨论，并采取相应的行动。在系统变革的后期阶段，推动者应致力于促进新的合作关系，将倡议与机遇相结合，并构建资源网络和影响力，以吸引更广泛的资源参与倡议行动。社会创新实验室的设计基于社会创新理论②和复杂系统动力学③假设，同时借鉴了过去五十年中形成的应对棘手问题的能力，以及其他实验室和多利益相关方过程的经验。这一设计旨在通过跨学科、跨部门和跨文化的合作，为解决社会生态系统中的复杂问题提供一种结构化的方法论。

社会创新实验室的核心理念在于构思和构建具有高潜力的干预措施，同时强

---

① 棘手问题是指那些具有复杂性、难以界定和解决的特征的问题。该概念最早由德国学者 Horst Rittel 和美国学者 Melvin Webber 在 20 世纪提出，用以描述城市规划领域中所遭遇的特殊困难。随后，该概念在管理学、政策分析和公共管理等多个领域得到了广泛的应用和拓展。

② 社会创新理论（Social Innovation Theory）构建了一种专注于解决社会问题和满足社会需求的理论框架，它强调通过创新的途径和策略来增进社会福祉和提高生活质量，从而为社会发展的可持续性提供理论支撑。

③ 系统动力学（System Dynamics）是由 Forrester 教授在 1958 年提出的，是一种用于理解和解释系统问题的交叉学科和综合性研究方法。该学科专注于对信息反馈系统的分析，并在宏观和微观管理领域得到广泛应用。系统动力学的构建步骤包括但不限于明确研究问题、确定系统边界、进行系统结构分析、建立因果关系回路图、构建结构流图，以及进行模型模拟、政策分析、模型的检验和评估。

调采用系统视角（System Sight）① 来重新界定问题，并在更广泛的背景中识别潜在的机会。这一理念被视为一个三阶段的过程，包括开发、测试和激励创新战略。为了确保这一过程的有效实施，需要具备合适的初始条件、对研究的持续投入以及经验丰富的协助者。此外，社会创新实验室还运用计算机建模技术来"原型化"② 复杂系统中的干预措施，从而为这些措施的实际应用提供模拟和预测。类似于召集多利益相关群体共同应对复杂挑战的其他过程，社会创新实验室最适合在变革的早期阶段发挥作用。社会创新实验室专注于解决复杂的社会问题，其融合了整个系统过程理论、计算机建模、社会创新以及设计实验室的元素。社会创新实验室旨在通过跨学科、跨部门和跨文化的合作，解决社会生态系统中的复杂问题。以下为社会创新实验室过程的四个主要步骤：

第一步，启动阶段。在社会创新实验室的启动阶段，关键在于评估实验室方法对于解决特定棘手问题的适用性。这要求对问题的性质、范围和影响进行初步评估，以确保实验室方法能够提供有效的解决方案。此阶段涉及对问题背景的深入理解，包括识别关键利益相关者、评估现有资源和潜在合作机会。

第二步，研究和准备。研究和准备阶段是社会创新实验室过程的关键环节，涉及数月的民族志研究，旨在深化对问题的理解。这个阶段的目标是明确界定问题，并编制一份详细的设计概要，为后续的实验室活动提供指导。此外，此阶段还对跨部门、跨机构和跨背景的多利益相关者③进行探索，包括从具体的地方经验到更广泛的政策环境背景的分析，以确保实验室的参与者和召集人能够充分理解问题的复杂性。召集人在社会创新实验室中扮演着至关重要的角色，他们通过提供资金、研究面临的挑战或问题、与相关群体进行初步讨论、提供共同交流的场所，甚至在某些情况下充当领导角色，为整个实验室过程提供支持。解决复杂问题往往需要一个跨学科和跨部门合作平台，召集人的作用是促进这种合作，并确保实验室过程的顺利进行。

第三步，研讨会或工作坊。研讨会或工作坊阶段涉及三次活动，每次持续两

---

① 系统视角是一种认识和处理问题的方法论，强调从整体和相互关联的角度来认识和处理问题。基于系统理论，系统视角认为，系统是由多个相互作用和相互依赖的组成部分构成的统一体，这些部分之间的相互作用对系统的行为和功能产生决定性影响。

② 快速原型是 20 世纪 80 年代后期发展起来的一种集成性新技术，涉及计算机辅助设计、计算机辅助制造、数控技术、材料科学以及激光技术等多个领域。该技术能够自动且快速地将设计理念转化为具有特定功能和结构的原型或零部件，从而实现对产品设计的快速评价和迭代，以便在激烈的市场竞争中迅速占据有利地位。

③ 利益相关者（Stakeholder）是指那些对项目目标的实现具有影响作用，或其自身受项目目标实现影响的个体或群体。

天半，间隔举办以便进行反思、研究和征询更广泛群体的意见，从而提高活动效果。每次研讨会或工作坊都有具体的聚焦点：第一次是了解系统，第二次是设计创新，第三次是提出原型策略（Prototyping Strategies）。原型策略是一种通过构建工作模型或初步版本的产品、系统、概念来评估和测试设计概念、功能以及用户交互的方法。原型策略为设计者、开发者、决策者和用户提供了早期参与产品或者系统开发的机会，以便及时发现潜在问题，降低最终产品开发过程中的风险和成本。此外，原型策略还有助于改进设计思路，验证概念的可行性，并为产品的持续迭代和优化提供依据。

第四步，后续行动。在研讨会或工作坊之后，需要采取必要的后续行动，由系统中最有能力成为有效管理者的人推进，并持续评估系统中各个方面的影响。鉴于社会创新是在一个充满不确定性和动态性的复杂环境中进行的，即使原型阶段取得成功，将其视为一个实验也是必要的。通过在实践中持续学习和调整改进，不断迭代原型，可以更好地应对社会创新的复杂性和挑战。社会创新实验室不仅是一个解决问题的工具，也是一个持续的学习和适应过程，旨在通过迭代和实验，促进社会生态系统的可持续变革。

自 20 世纪中叶以来，群体动力学（Group Dynamics）[①]、变化理论、群体心理学、复杂适应系统理论、整个系统过程（Whole System Process）理论[②]、设计思维（Design Thinking）[③]、过程设计（Process Design）[④]、计算机建模等跨学科理论的融合与发展，催生了多种旨在解决复杂问题的各类"实验室"方法。实验室被定义为一个支持多利益相关者群体协同解决复杂社会问题的过程，其通过探索和运用多样化的创造性方法、可视化分析工具和活动，促进多利益相关者之间的沟通、互动和有效跨界合作。转型实验室的目标在于引导社会生态系统向可持

---

① 群体动力学，亦称团体动力学，探究的是个体行为是如何受到个性特征和环境场（即环境因素）的影响。简而言之，在群体情境中，他人的存在会导致个体行为与思想的改变，这种他人对个体行为的影响是群体动力学研究的核心内容。

② 整个系统过程理论是一种基于系统思考的方法论，其主张在分析和解决问题过程中，必须全面考虑系统的所有组成部分以及它们之间的相互关系和动态交互。该理论的核心在于强调系统的全局性和整体性，主张超越对局部或个别部分的关注，以实现对复杂问题的全面理解与解决。

③ 设计思维是一种旨在促进创新探索的方法论体系，其起源于设计学科，涵盖了建筑、技术和创意等多个领域。自 21 世纪中期由 Brauce Mau 和 Tim Brown 等著名设计师提出以来，设计思维已成为探讨复杂问题领域"大规模变化"或突破性思维的重要工具。设计思维增加了设计过程的精确性，并着重于创新和突破性思维的培育。

④ 过程设计这一术语最初源自于自动装配线的实践，在构建连续性过程系统（如化工厂）方面亦具有重要的意义。过程设计集成了跨学科思维的过程，并通过解决方案导向的设计技术来实现思维的具象化。

续发展的方向转型，推动系统内那些最初呈现不可持续的情形发生根本性改变。转型实验室方法主要针对复杂问题或挑战，强调采用系统视角和系统思维，充分考虑问题的整体性和相互关联性。该方法包括重新定义问题的多个步骤，如识别问题本质、挑战现有假设、扩大视野、转换角度看待问题、简化分解复杂问题、重新表述问题、运用创造性思维技巧、考虑解决方案的长远影响、测试和验证新的定义是否有助于找到解决方案等。此外，转型实验室可以在更广泛的背景下识别潜在的机会，从而为复杂社会问题的解决提供全面的策略和深入的洞见。

转型实验室的整体系统性视角强调了对系统的多层次和多方面相互关系的关注，以及通过会聚来自不同学科和领域的参与者，以获得多元化的视角和深入的洞察。这种方法对于解决复杂问题、促进社会生态环境的创新，以及共同设计和测试由多利益相关者提出的创新解决方案或倡议具有重要意义。本书结合社会生态系统理论与抗逆力理论的应用，与转型实验室的整体系统性视角在逻辑上高度一致。本书所关注的绿色转型受影响群体所面临的问题是一个典型的复杂社会问题，其的解决极大可能需要整个系统中所有重要利益相关者的参与，即实现"整个系统共处一室"。这一概念由社会学家特里斯特（Eric Trist）在 20 世纪 50 年代末至 20 世纪 60 年代初提出，广泛应用于系统思考和系统设计领域，特别是在解决复杂问题、制定决策或进行创新过程中。特里斯特认为，要找到解决所面临的广泛问题的方法，需要将问题作为一个系统来回应。这个概念的核心在于将所有与特定系统相关的关键组成部分、多利益相关者或视角集中在一起，以更加全面地理解和处理问题，从而强调了系统思维在解决复杂问题中的重要性。在此基础上，激发了一系列旨在通过结构化对话和交流来激发团队成员的创造力、促进集体智慧涌现的方法，如未来搜索（Future Search）[1]、欣赏性询问（Appreciative Inquiry）[2]、讨论性对话（Deliberative Dialogue）[3] 和世

---

① 未来搜索是一种会议技术，由 Martha Rogers 和 Micheal Beer 于 20 世纪 80 年代共同开发。该技术打造了一种高度结构化的会议过程，旨在促进大型、多元群体和组织成员对过去、现在和未来的共同探讨，进而促成共同目标与愿景的实现。未来搜索会议通常囊括所有利益相关者，并通过历史回顾、现状分析、未来设想和行动计划制定等环节，促进跨部门和跨层级间的沟通与协作。

② 欣赏性询问是一种积极心理学导向的心理咨询与组织发展方法，由 David Cooperrider 和 Suresh Srivastva 在 1987 年提出。该方法基于肯定式探询的原则，通过聚焦于组织或团队的优势、成功经验和积极潜力，旨在激发组织内部的变革和创新。

③ 讨论性对话是一种旨在促进深度思考和理性交流的沟通方式，其鼓励参与者超越表面意见，深入探讨问题的根本原因和潜在后果。讨论性对话通常在多元化的群体中展开，目的在于通过开放、尊重的对话过程，增进理解、形成共识或产生多角度的见解。该方法强调理性、公正、包容的对话精神，以及批判性思维和建设性交流的重要性。

界咖啡馆（World Cafes）① 等。这些方法帮助团队在复杂和动态的环境中协作、创新，并做出更优决策，以发现解决复杂问题的途径，共同探讨环境治理与绿色转型的机遇和挑战等议题。因此，本书借鉴转型实验室方法，开展绿色转型多元交流会，具有其理论合理性和实践必要性。

（二）转型实验室方法在本书中的使用步骤

与传统解决策略相比，转型实验室方法建构了一种独特的跨学科、跨背景、跨文化的知识网络，其专注于探索"可持续发展的变革路径"。该方法通过构建策略框架，以测试和促进多种创新和解决方案，其核心宗旨在于推动社会生态创新的生成，致力于构建一个更加公平和可持续的未来。在社会生态系统中，变化已成为一种常态，有时变化速度之快会导致新的问题和冲突的涌现。涌现现象是复杂系统的一个基本特征，表现为个体之间按照相对简单的规则相互作用，但在宏观层面上，整体系统展现出无法从单个个体行为直接预测或推导出的复杂行为和模式。这种涌现现象的特征包括非线性相互作用、自组织、难以预测性、多样性、多层次性、适应性和进化等，对此，传统解决方案往往表现出局限性。转型实验室作为一种先进的研究与实践范式，其独特之处在于针对特定类型的复杂问题提供一套全面的解决方案。该方法通过整合跨学科研究、利益相关者参与、实证分析与政策制定，为社会生态系统转型过程中所面临的复杂问题提供了一套基于实证的、参与式的解决策略。转型实验室这一范式，不仅强调了多学科融合和多利益相关者协作的重要性，而且突出了实证研究与政策实践的紧密结合，为应对社会生态系统中的复杂挑战提供了一种创新性的思路和实践路径。

具体而言，转型实验室特别适用于处理以下情境下的复杂问题：①社会生态系统的转变或转型。在社会生态系统经历显著的结构性变迁的背景下，转型实验室提供了一个理想的环境，使研究者能够深入探究系统内部的变化动态，以及这些变化对整个系统的功能和发展轨迹的深远影响。②转型的复杂性问题。面对与社会生态系统转型密切相关的复杂性问题时，转型实验室凭借其跨学科的研究方法和实践导向，能够有效地解析问题的多重维度和内在联系，为理解和管理转型过程提供洞见。③多元化的利益相关群体。当问题涉及来自不同领域的利益相关

---

① 世界咖啡馆是一种会议和讨论的形式，由 Juanita Brown 和 David Isaacs 在 1995 年提出。它模拟咖啡馆的轻松氛围，通过小组间的轮流讨论和参与者变换，促进交流和思想碰撞。在世界咖啡馆模式中，参与者围绕特定的主题，在多个"咖啡讨论桌"之间进行小组讨论，并轮换到新的讨论桌，与不同的小组成员分享想法和见解。该方法鼓励跨桌交流，从而在大型群体中建立连接和开展深度对话。

群体，且这些群体对问题具有强烈的归属感和变革动机时，转型实验室通过构建一个包容性的参与平台，促进各利益相关者之间的对话与合作，从而有助于推动共识的达成。④认知的差异性与困惑。针对问题本质及其成因的困惑和分歧，转型实验室通过其系统性的分析框架和实证研究，有助于澄清认知，减少不确定性，并为制定有效的解决方案奠定坚实的基础。⑤集体共识与紧迫感。在存在一种解决该问题的共识和集体紧迫感的情况下，转型实验室能够将这种共识转化为动力，通过集体行动和协作创新，加速问题解决的进程，实现社会生态系统的可持续转型。

　　基于转型实验室方法的独特属性及其适用性范畴，本书认为，该方法不仅能显著促进对于复杂系统动态行为的深入阐释，而且为社会各界构建共同认识框架并采取协同策略以应对和解决当前紧迫的社会挑战提供了重要的机制。本书恰好能够借助该转型实验室方法，对其进行本土化的应用与实践探索。具体而言，转型实验室方法的应用流程及其步骤解析如图 3-2 所示。

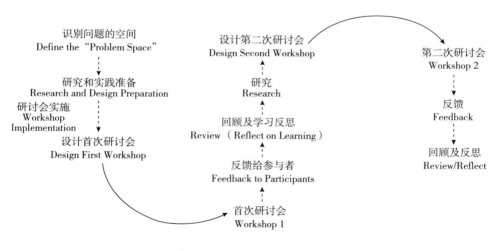

图 3-2　转型实验室步骤

　　第一，识别问题的空间（Define the "Problem Space"）。在转型实验室的启动阶段，关键在于精确识别并界定所谓的"问题的空间"。此阶段要求参与者就面对的复杂问题达成一致的理解，即明确系统中出现的挑战，以及那些尚缺乏有效解决策略的问题。同时，需要考虑系统层面的转型需求。此共识构建依赖于集体对问题的感知和对解决方案的迫切性。第一步为后续的步骤奠定了坚实的基础。

　　第二，研究和实践准备（Research and Design Preparation）。在转型实验室的

研究与准备阶段，应对所识别出的问题进行深入探究。此阶段包括但不限于对社会、生态环境文献的广泛审查，对历史解决方案的分析，以及对不同利益相关者观点的整合。同时，需评估参与者的能力和技能，并精心规划研讨会内容及其潜在挑战。目标是为即将到来的研讨会提供充分的信息和理论支撑。

第三，研讨会实施（Workshop Implementation）。基于彻底的前期调研与准备，转型实验室将举办一系列研讨会，旨在为利益相关者提供创新思维的论坛。其详细实施步骤包括：①研讨会设计。两次研讨会，每次一至三天，间隔安排以容纳辅助活动。设计时需考虑群体动态，因问题受多种原因如年龄、文化等影响。②首次研讨会。聚焦于多元视角审视系统并建立共识，参与者多样性有助于促进困境揭示和创新碰撞。③第二次研讨会。转向具体社会技术创新设计，可能产生原型或倡议。通过与其他领域的互动和反馈，参与者共同构建转型策略。

在借鉴世界其他地区实践经验的基础上，T-Labs 研讨会作为一种创新机制，有望催生两种不同类型的创新成果。首先，可将其中的第一种创新定义为"桥梁型创新"（Bridging Innovations）。此类创新的核心在于构建不同利益相关群体之间的沟通桥梁，从而为打破不可持续僵局提供一种新的可能性。这种桥梁型创新不仅促进了各利益相关者之间的对话与协作，而且为解决复杂的社会问题提供了重要的路径。其次，第二种创新可被归类为"混合创新"（Hybrid Innovations）。这种创新模式通过聚集多元化的利益相关者，实现了"自下而上"（Bottom-Up）和"自上而下"（Top-Down）努力的有机整合。在此过程中，不同层次和维度的资源和视角得以汇聚，进而孕育出更具针对性和时效性的解决方案。值得注意的是，正是这两种创新的相互作用和融合，为形成真正解决复杂问题的倡议奠定了坚实基础。在 T-Labs 研讨会的历史中，首次研讨会已凸显了参与者的权力问题。在第二次研讨会中，这一问题同样成为关注的焦点。权力问题不仅涉及参与者的互动，更是影响研讨会成果有效性的关键因素。此外，第二次研讨会还面临着一个重要的战略权衡，即如何在保持参与者连续性的同时，适时引入新的参与者。这一权衡不仅关系到研讨会的动态性和活力，也直接影响到创新成果的广度与深度。连续性确保了议题的深入探讨和实践的持续改进，而新参与者的引入则带来了新鲜的视角和创新思维。

第四，回顾及反思（Review/Reflect）。转型实验室方法论的最后一阶段涉及对整个流程的深入分析与批判性思考。此阶段要求参与者对历次研讨会的内容、交互细节以及群体动态的演进进行详细的反馈与评估。该过程不仅是对研讨会活动的回顾，更是对知识生产与实践探索的全面检视。具体而言，参与者通过系统性地反思两次研讨会中的交流、合作与冲突，对所探讨的议题进行筛选和优化，以提炼出核心观点和深刻洞见。此外，对过程中的互动模式与群体动态的评估揭示了影响研讨会成效的潜在因素，为未来类似活动的组织与实施提供了宝贵的经验教训。在此过程中，研究团队亦进行了深刻的自我反思，通过整合与梳理所学知识，以及对研究过程中遭遇的问题与挑战的深入分析，旨在精炼理论框架并提升理论水平。这种自我反思不仅促进了研究团队已获知识的内在化和理论升华，而且为后续的研究路径和行动计划提供了明确的理论导向。在此阶段，知识整合与理论提升成为核心使命。研讨团队通过对研讨会过程中产生的丰富数据与经验的深入分析，构建或完善理论模型，从而为解释和解决更为广泛的社会问题提供了坚实的理论支撑。同时，此阶段还涉及对研究伦理的深刻反思，确保研究的可持续性及社会责任，为学术实践设定了伦理框架。

转型实验室是一个综合性研究与实践框架，其基础在于跨学科知识与方法的整合、跨部门合作以及解决方案的共创。该方法论的实施要求一个构建的物理环境，旨在提供一个促进创新的安全空间、明确界定的流程设计、社会创新"快速原型"（如可测试的模型、软件、计划或设计的干预等）的开发与迭代。该方法的有效性根植于多学科背景人员的积极参与以及一个持续的共同学习过程。在此框架下，转型实验室通过整合来自不同领域的思维和视角，对复杂社会问题进行深入的分析与解构，探寻其产生的根本原因。基于此，该方法能够构建出创新的解决方案，以应对这些挑战。此种跨界合作模式不仅为解决现代社会所面临的复杂问题开辟了新的路径，而且拓宽了问题解决的视野，为学术界和实践领域提供了新的参照和指导。

二、研究对象选取及研究开展

本书选取 HL 市 Y 镇所辖的 4 个村庄——东方村、西方村、南方村、北方村的绿色转型受影响群体为主要研究对象，并针对环境治理和绿色转型政策实施过程中的利益相关群体开展访谈和交流活动。

本书的田野调查工作始于 2015 年末，持续至 2021 年末，历时六载寒暑。初始阶段，研究团队于 2015 年 10 月对 HL 市下辖的 Y 镇水泥行业以及 S 乡的采石产业进行了预调研。在综合评估田野调查的可行性、企业关停的深远影响等多重因素后，研究团队最终确定 Y 镇为本书研究的田野调查点。自此，研究团队维持每年一至两次的频率，对该地区进行持续的追踪调查工作。具体的调查流程及细节如图 3-3 所示。

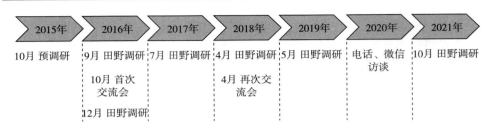

2015年	2016年	2017年	2018年	2019年	2020年	2021年
10月 预调研	9月 田野调研	7月 田野调研	4月 田野调研	5月 田野调研	电话、微信访谈	10月 田野调研
	10月 首次交流会		4月 再次交流会			
	12月 田野调研					

图 3-3　田野调研流程

（一）田野调查的研究对象选择

田野调查研究对象的选择包括四个村庄及绿色转型受影响个体的选择。本书之所以从 Y 镇所辖的 23 个行政村中选择东方村、南方村、西方村和北方村作为调研村庄，主要是基于以下原因：第一，以上四个村庄均为 Y 镇最早创建并拥有数量众多的水泥企业及衍生企业。第二，近 30 年来，四个村庄村民的生活方式高度相似，主要依靠在就地就近的乡镇企业打工获取家庭经济收入，而非依靠农业种植。其中，三个村庄互为邻里，地理区位和土地等环境资源相似。第三，四个村庄的集体经济都因水泥企业而兴起并发展壮大。第四，环境规制和绿色转型相关政策均在相同的时间内实施于四个村庄。第五，水泥企业关停后，四个村庄原水泥企业及衍生企业的转型情况存在异质性。

本书所追踪研究的村民个体选择标准为：第一，家庭中至少有一位成员在本地水泥企业及水泥相关的企业工作。第二，具有五年以上在水泥企业及其衍生产业的工作经验。第三，个体认为水泥企业的关停是他（她）生活中发生的重大生活事件，且对个体及其家庭造成一年以上的长期影响。确定这一标准是为了识别出处于逆境的村民，因为逆境是抗逆力产生的前提和起点。满足以上三个标准的村民就可被确定为本书的访谈对象。具体追踪对象的选择还需考虑其代表性及多样化程度，包括性别、年龄（劳动力年龄范围内）、家庭生命周期阶段（处于满巢期①）、家庭经济状况、身体健康状况（家庭中是否有需长期照料的成员）、受教育水平、以往的工作经验、目前就业状况等，同时结合地方联系人和村委会干部的推荐，以及笔者在 Y 镇所辖村庄和小河乡曾家村劳动力市场②的随机走访

---

① 家庭生命周期阶段的满巢期（Full Nest Stage）是指家庭在发展过程中经历的一个特定阶段，这一阶段通常伴随家庭中未成年子女的存在。具体而言，满巢期涉及从家庭中第一个子女的出生到最后一个子女出生，以及子女从成长到成家并最终独立离家的整个时期。此阶段，家庭结构经历了显著的变化，家庭成员的角色和职责也随之调整。家庭资源和关注的分配主要集中在子女的教育和成长方面。

② 小河乡曾家村劳动力市场是当地规模最大的就业交换平台。

而确定。最终本书选取了 10 位绿色转型受影响个体作为追踪研究对象，力图最大限度地体现多样性和异质性。

（二）绿色转型多元交流会参与者选择

本书旨在通过对绿色转型受影响群体的细致及动态考察，探究其抗逆力生成的过程。因此，对绿色转型受影响群体的系统性访谈和长期观察成为研究的核心。尽管笔者无法完全确证研究对象所叙述内容的真实性，或者叙述与客观的"实在"之间的差距，但可以通过分析研究对象的行动本身来探究其含义，并与研究对象合作构建一个共同的行动场域，以改变现实。为了实现这一目标，研究团队于 2016 年 10 月和 2018 年 4 月在 HL 市组织了两次绿色转型多元交流会，作为对被研究者进行观察和实践干预的一种方式。一系列交流会的目的是检验绿色转型受影响群体抗逆力提升的积极作用，并在此过程中识别出对绿色转型受影响群体抗逆过程起关键作用的因素。通过人为创造的空间，笔者能够更好地观察中观层面和宏观层面的外部资源是否以及如何发挥保护和支持作用，以促进个体的成功抗逆。因此，交流会参与者的选择标准主要在前期田野调研的基础上，识别出微观层面、中观层面和宏观层面的多利益相关者。由于交流会主要以参与式讨论的形式进行，会议尽可能地邀请田野调查中的受访者参与，并将参与总人数控制在 20 人以内，以便于观察和讨论交流。会议首先邀请研究追踪的绿色转型受影响村民个体或其家庭成员；其次是村民个体所在村庄的村委会干部、水泥企业及水泥转型企业经理；最后是 HL 市和 Y 镇政府工作人员、关注环境治理和绿色转型议题的社会组织、新闻媒体及河北某地方高校的研究人员。除本书研究团队人员外，两次绿色转型多元交流会共计 33 人参与。

三、数据和资料的收集

（一）田野数据资料的收集

质性研究的资料数据收集方法具有多样性特点，涵盖了访谈、焦点小组访谈、参与式观察、桌面资料收集、田野笔记、媒体报道等多种形式。本书根据研究对象的特点和研究目的，选择了适宜的数据资料收集方法。在具体实施中，针对 10 位村民个体及其家庭，主要采取了深度访谈的方式。得益于受访者的高度合作意愿以及与研究者长期建立的信任关系，这些访谈主要在受访者的家中进行，每次访谈的持续时间为 40~120 分钟。对于其他村民的资料收集，则主要采取了焦点小组访谈的形式。这些焦点小组通常由 3~8 名村民组成，访谈通常在社区活动室或村委会会议室进行，每次访谈的持续时间为 60~120 分钟。此外，在田野调研过程中，研究者还随机对 Y 镇不同村落的村民个体进行了访谈，访谈地点根据受访者的便利和意愿来确定，每次访谈大约持续 30 分钟。

本书研究中的个体访谈内容主要涵盖四个核心部分：①收集受访者及其家庭成员的社会人口学基本信息，包括但不限于年龄、家庭成员数量、受教育水平、身体健康状况等关键指标。②深入了解受访者的家庭经济情况，具体涉及家庭在村庄中的经济地位（分为较好、中等、较差三个类别）、家庭收入来源的多样化程度及构成情况、政府补贴的获取情况、家庭支出结构、家庭债务的现状及其成因等。③探究受访者的务工历史，特别是在水泥厂的工作经历，包括工作地点、入职要求、岗位责任、工资福利、工作环境中的健康与安全风险、水泥厂的运营现状、工厂的用工标准及规模等，以及水泥厂的关停过程，如关停的流程、员工补偿与安置、对关停的个人看法等。④考察受访者的社会保障与生计状况，包括水泥厂关停后的生计来源、当前的务工情况（与水泥厂工作进行比较，涉及工资、福利、社会保障、健康安全、劳动强度等方面的差异）、未来的规划、已获得的社会支持（包括亲朋好友、邻里、村庄、政府及其他社会机构提供的支持）、所需的支持类型。此外，访谈还涉及其他方面，包括受访者对环境治理和绿色转型政策的主观认知和客观体验、应对策略、可利用的资源。主要探讨的问题包括：水泥厂关停的原因、关停带来的变化以及个人看法、村委会、镇/市政府等在水泥厂关停的过程中采取的行动与措施、个体及家庭在过程中的应对策略以及如何获得相应的支持等。具体而言，研究追踪的 10 位村民个体情况如表 3-1 所示。

表 3-1　追踪的绿色转型受影响村民个体情况汇总①

编号	姓名	年龄（岁）	学历	家庭情况	水泥厂工作经历	本人及其家庭成员在水泥厂拆除后的务工经历		
						关停阶段	过渡阶段	转型阶段
1	宋文成	41	初中	一家 5 口人，母亲常年生病（高血压），大女儿读大学，儿子读小学	在水泥厂工作 15 年，主要负责料渣等运输	灵活就业（2014 年）妻：灵活就业	砖厂（2015 年）妻：照顾家庭和地；邻镇批发市场搬货（2018 年）	砖厂、搅拌站妻：HL 市商场服务员（2019～2020 年）；HL 市家政保姆（2021 年）

---

① 上述绿色转型受影响村民个体的年龄和家庭情况两个部分的数据均源自 2016 年的调查资料。为了保护研究参与者的隐私，本书对所有的中文姓名及地名信息进行了匿名化处理，书中出现的人名皆为处理后的人名。

续表

编号	姓名	年龄（岁）	学历	家庭情况	水泥厂工作经历	本人及其家庭成员在水泥厂拆除后的务工经历		
						关停阶段	过渡阶段	转型阶段
2	夏成才	51	小学	一家4口人，家中老人均已过世，大女儿刚大学毕业，在铁道学校工作，小女儿上大一	20多年水泥厂工作经验，负责化验、烧窑、填料等工作	跑运输（三轮车）；灵活就业（挖水渠、卸货、泥瓦工）；妻：照顾家庭和地	灵活就业（周边村庄）；妻：高速路服务站打扫卫生	灵活就业、铺设房屋顶瓦片（周边邻县）；妻：高速路服务站打扫卫生
3	徐剑	38	初中	一家5口人，父母由兄弟们每家每年轮流照顾，儿子读小学	22年水泥厂工作经验，主要负责烧锅、烧窑和填料的工作	砖厂（2014年）；妻：照顾家庭和地（2014年）	砖厂受伤（2015年）；在家养伤（2016年）；灵活就业（2017年）；砖厂（2018年）妻：鞋厂做鞋帮3个月（2016年）；砖厂工作4个月（2017~2018年）	砖厂，邻县，3~5天回家一次；离开砖厂，离家较远区域天然气管道，回家时间不定期妻：HL市加油站（隔天回家一次）
4	田国强	51	小学	妻子离世，家中老人已过世，独生儿子在天津打工且还未成家，平时独居	水泥厂工作14年，主要负责看守机器	灵活就业（建筑类杂活）	种菜（2016年）；搅拌站（2017年环保查后关停）；HL市污水管铺设道修建工地（2017年）；HL市某物料工地开施工电梯两个月（2018年）；灵活就业（2018年）；因工作重伤1次，休息了3个月（2018年底）	养伤休息；在家修房子；灵活就业；去建筑工地干活儿子：在天津打工
5	张大姐	48	小学	一家6口人，婆婆每年轮流在几个儿子家住。大儿子尚未结婚，二女儿已结婚，小女儿读初中	水泥厂工作20多年，很有力气，在水泥厂负责推土车，甚至比男的干得都多	以照顾家和地为主；在建筑工地干杂活；灵活就业丈夫：砖厂；灵活就业；建筑工程队	灵活就业和去寺庙帮忙丈夫：灵活就业，外出铺路，一般不回家，采暖季停工在家（2017~2018年）	灵活就业和去寺庙帮忙丈夫：外出打工铺路，一般不回家

续表

编号	姓名	年龄(岁)	学历	家庭情况	水泥厂工作经历	本人及其家庭成员在水泥厂拆除后的务工经历		
						关停阶段	过渡阶段	转型阶段
6	常勇	33	初中	一家6口人，与岳父母一起住（岳父母家在大儿子就读学校旁，常勇跑运输经常不在家），大儿子读小学，小儿子读学前班	一直围绕水泥厂运输业工作（货运和客运）	跑运输（计划买大车去山西拉煤，因安全问题遭到妻子反对未果）妻：照顾家庭和地	干1个月的大货运输工作，8月卖掉货车，买了小轿车跑客运（2015年）小包工头—搞绿化（政府绿化工程种树）（2017年）妻：照顾家和地；服装厂1个月（2018年）	跑长途运输，开大车—水泥搅拌车，几天回家一次；流转土地，准备经营种植小麦和玉米的家庭农场妻：照顾家庭和地
7	赵健	46	初中	一家4口人，女儿上大学，儿子当兵（第二任妻子的儿子）。第一个妻子因癌症去世后仍有十几万元的债未还清	水泥厂工作15年	锅炉厂（有电焊工技术）妻：照顾家庭和地	在喷漆厂、锅炉厂工作妻：在隔壁镇的制衣厂工作，工作日住厂不回家	喷漆厂、锅炉厂等企业关停，计划和妻子去外地开包子店，以及找电焊加工零活（未果）；接电焊零活，灵活就业
8	杜壮飞	39	初中	一家5口人，母亲跟着生活，大儿子初中，小儿子上幼儿园	水泥厂工作10多年，曾外出务工2年	砖厂妻：编织袋厂	往返于不同的砖厂妻：照顾家庭	在砖厂、搅拌站工作
9	康大哥	47	初中	一家6口人，两位老人跟着生活（身体不好，长期吃药），大女儿上大学，小儿子上初中	水泥厂工作将近20年	灵活就业妻：灵活就业	灵活就业，做杂活，在建筑工地干活妻：加油站洗车	一直灵活就业
10	刘大姐	43	初中	一家4口人，一位老人跟着生活，儿子上初中	水泥厂看守机器7~8年，丈夫在水泥厂跑运输10多年	在家待业丈夫：灵活就业	在家种地（1亩多）和照顾家庭丈夫：灵活就业	在HL市做家政丈夫：灵活就业

除此之外，在田野调查的过程中，本书采取了一种选择性的访谈策略，覆盖

了 HL 市及 Y 镇政府工作人员、调研村村委员会干部、村民、原水泥企业家、转型后的企业经理、与水泥产业相关联的企业及个人、地方餐馆老板等不同群体。具体而言，Y 镇政府工作人员访谈对象主要包括历任负责工业发展的副镇长和镇长，主管环境治理、乡镇企业管理和社会保障工作的领导干部，以及那些对本书研究议题表现出兴趣的政府工作人员。此外，对四个调研村村干部的访谈也尽最大可能地保持了受访人员的一致性和连续性，以增强数据的一致性和可比性。本书还对包括原水泥企业家、转型后的企业经理和地方餐馆老板等关键群体进行跟踪回访。所有访谈均根据受访者的便利和意愿，在村委会办公室、社区活动室、企业办公室、村广场、饭馆、村民家、政府办公室或会议室等不同场所进行。为了确保访谈的效率和针对性，本书根据研究框架设计了一系列半结构化的访谈提纲，以适应不同受访者的特点。每次访谈的持续时间为 40~120 分钟，从而为研究提供了丰富且深入的数据资源。

本书对政府部门受访者的访谈主要聚焦于地方环境治理与绿色转型政策的历史发展脉络、实施过程、阶段性特征、采取的措施与手段，以及这些政策带来的广泛影响。访谈涉及的主要问题包括：改革开放以来，该机构经历了哪些关键性的发展阶段；在过去的 20 年中，地方环境治理和绿色转型政策经历了哪些重要的演变阶段；在这些阶段中，有哪些相关政策被制定并实施，各级政府采取了哪些具体的应对措施；受访者对环境治理和绿色转型的主观认知；实施的政策对受访者个人生活和工作的影响；未来的展望与预期等。

对于四个调研村庄的村干部受访者的访谈，内容主要包括以下四个方面：①收集村庄的基本信息，涵盖人口结构、家庭户状况、劳动力数量、受教育水平、经济收入来源等关键指标。②了解村庄资源分布与利用状况，包括土地资源、水资源、集体经济的现状等。③探究水泥厂关停的具体实施过程，涉及政策传达的路径、关停的时间节点、村委会在关停过程中所开展的相关工作等。④考察水泥厂关停带来的变化及应对策略，包括关停对整个村庄社区及不同类型家庭的影响、村委会对关停引发变化的看法、村委会采取的应对措施及其成效评估等。

对于原水泥企业家及转型后企业经理的访谈内容，主要涵盖以下五个方面：①探讨水泥厂的兴起与发展，包括企业的规模、初始投资额、股东结构、雇用员工数量、招聘标准、员工工资福利以及社会保障状况等关键信息。②深入了解水泥厂关停的具体过程，如政策信息的获取渠道、关停的具体流程、补偿措施、员工安置情况等。③考察受访者对环境治理与绿色转型政策的认知与态度，以及他们对关停措施及其影响的看法。④探究企业转型的具体情况，包括是否进行了转型，转型的详细过程，面临的困难与挑战，村委会、镇/市政府提供的政策支持及其成效等。⑤受访者的未来规划和预期。本书旨在通过分析访谈内容，挖掘不同社会主体之间的互动内容、互动方式、互动渠道，并对其背后的动因进行深入剖析。

最终的田野调查成功完成了对 10 位村民个体及家庭的深度访谈，以及对 59 位调研地村民、16 位政府工作人员、8 位村委会干部、7 位原水泥企业家及转型企业经理、2 位饭店老板、4 位客运司机、2 位第三方培训机构人员的访谈，总共涉及 108 位受访者。具体的田野调查数据收集情况如表 3-2 所示。特别值得注意的是，对于经历了工作岗位变动的政府工作人员的跟踪访谈，本书获得了尤为丰富的信息。这些受访者表现出更强烈的分享意愿，他们对于访谈问题的看法更为开放，能够更为客观和坦诚地对问题进行深入的分析和讨论。

表 3-2　田野调查数据收集情况

数据类型		人数	说明
访谈	农民	10	正式访谈，每年进行追踪
	农民	59	正式访谈和非正式访谈，包括在调研村落村口、广场、街边等碰见的村民
	政府工作人员	16	正式访谈，包括 HL 市及 Y 镇政府工作人员
	村干部	8	正式访谈，包括预调研所访谈的村庄村委会干部，以及确定的四个调研村的村干部
	原水泥企业主及转型企业经理	7	正式访谈
	周边饭店老板	2	正式访谈
	客运司机	4	非正式访谈
	第三方培训机构	2	正式访谈，包括机构负责人及工作人员
观察	交流会	—	交流会过程中政府工作人员、社会组织、农民、媒体从业者和研究人员之间的互动
	非正规劳动力市场	—	劳动力市场上雇主和农民之间的互动
	非正式交流	—	农民之间、村委会工作人员与农民之间、政府工作人员之间的非正式谈话，事后的记录
	田野调查日志	—	工作记录、相关的所见所闻笔记等
	桌面资料	—	HL 市及 Y 镇政府的公开文件、年度工作报告、相关文档；HL 市网站发布的相关新闻资料；Y 镇调研村的村志、村庄档案；媒体报道的新闻、视频、照片

（二）绿色转型多元交流会数据资料的收集

本书通过组织绿色转型多元交流会，构建一个涵盖绿色转型受影响群体、社区村委会、企业、社会组织、政府代表、新闻媒体等相关多元社会主体的对话平台，旨在促进各主体间的交流与合作，共同深入探讨与环境治理及绿色转型政策实施相关的重大议题。在第一次绿色转型多元交流会上，讨论的主题范围广泛，具体包括：①对环境治理与绿色转型的概念进行深入阐释。②分析地方环境治理与绿色转型政策实施的背景和过程。③探讨环境治理与绿色转型政策实施所带来的机遇与挑战。④评估环境治理与绿色转型政策对个体及家庭生活与工作的影响。⑤思考政策实施的社会成本问题。⑥讨论绿色就业等新兴议题。在此次交流会上，除了本书研究团队成员的参与之外，其他与会人员的基本信息如表3-3所示。

表3-3　首次绿色转型多元交流会参与人员基本信息

编号	性别	身份/工作单位	是否为田野访谈对象	是否为追踪个体或后续跟踪访谈对象	其他说明
M1VM01	男	村民	是	是	—
M1VM02	男	村民	是	是	—
M1VM03	男	村民	是	是	—
M1VM04	男	村民	是	是	—
M1VM05	男	村干部	是	是	—
M1ZXQY	男	水泥转型企业经理	是	是	—
M1YA01	男	Y镇副镇长	是	是	—
M1YA02	男	Y镇政府工作人员	是	是	—
M1HLBG	男	HL市政府办公室	否	否	—
M1HLBG	男	HL市政府办公室	是	是	—
M1HLBG	男	HL市政府办公室	是	否	—
M1HLGX	男	HL市工业和信息化局	是	否	—
M1LT01	男	某机构	否	否	—
M1YT	女	某研究所	否	否	—
M1CD	女	某机构	否	否	—
M1HBUS	女	河北地方高校研究人员	是	否	—

在第二次绿色转型多元交流会上，与会者围绕以下议题进行了深入探讨：

①关注环境治理与绿色转型政策实施过程中村民家庭的变化，具体包括水泥厂关停前后的影响、村民在不同季节一天的时间分配、妇女的三重角色分析、家庭成员的角色和劳动分工的变迁。②分析环境治理与绿色转型政策实施对个体及其家庭的影响，包括农村家庭内部资源分配的变化、企业关停和转型的动态、政策与政府工作人员、社会组织及媒体工作人员工作的关联及其影响、自第一次交流会以来环境治理与绿色转型政策实施带来的机遇和挑战等。③展开对未来政策的畅想，与会者基于第一次交流会上分享的田野故事，续写并畅想了各社会主体可能采取的应对逆境的策略。总体而言，此次交流会的讨论旨在探究个体所在的更广泛生态环境的保护与支持作用，以及这些因素是否能够促进个体的积极发展。在此次交流会上，除了本书研究团队成员的参与之外，其他与会人员的基本信息如表 3-4 所示。

表 3-4　第二次绿色转型多元交流会参与人员基本信息

编号	性别	身份/工作单位	是否为田野访谈对象	是否为追踪个体或后续跟踪访谈对象	其他说明
M2VM01	男	村民	是	是	参与两次交流会
M2VF01	女	村民	是	是	徐剑的妻子
M2VF02	女	村民	是	是	——
M2VF03	女	村民	是	是	常勇的妻子
M2VF04	女	村民	是	是	夏成才的妻子
M2VM05	男	村干部	是	是	参与两次交流会
M2ZXQY	男	蓝牌特种水泥企业经理	是	是	——
M2YA02	男	Y 镇政府工作人员	是	是	参与两次交流会
M2HLBG	男	HL 市政府办公室	是	是	参与两次交流会
M2HLWK01	男	HL 市大气污染防治办	是	否	——
M2HLWK02	男	HL 市大气污染防治办	是	否	——
M2HLGX	男	HL 市工业和信息化局	是	否	——
M2LT01	男	某机构	否	否	——
M2LT02	女	某机构	否	否	——
M2LT03	女	某机构	否	否	——
M2HQ	男	环境守护者	否	否	——
M2CD	女	某机构	否	否	——

综上所述，通过田野调研和两次交流会的深入参与，笔者全面而深入地洞察了绿色转型受影响群体在四季（春、夏、秋、冬）以及不同时期（供暖期与非供暖期）的心理状态、家庭经济状况、再就业情况、生产与生活状况及其变化。这些丰富的数据信息为本书提供了系统性地揭示绿色转型受影响群体抗逆力生成过程的坚实基础。再者，在遵循研究对象同意的前提下，笔者对访谈过程进行了录音，对交流会进行了部分录音和拍摄，随后对这些音频和影像资料进行了细致的整理和匿名处理。这些音频和影像资料不仅为本书后期的分析工作提供了真实情境的再现，而且最大限度地确保了转录和编码环节的完整性，从而提升了研究的信度和效度。此外，本书还进行了政策文本分析①。笔者通过收集相关政策文本资料，包括国家和地方政府公文、地方政府年度工作计划和年度总结报告等，进行了系统而深入的解释与分析。文本资料的范围还涵盖了四个调研村村志、媒体新闻报道，以及从互联网、报纸、杂志等公开渠道获取的与环境治理、产业调整政策等相关资料，从而为本书研究提供了多层面的分析视角。

四、数据和资料的分析方法

在收集到所有数据信息之后，笔者进行了编码、解码、归纳、分析和解读，最终形成了本书的主要资料。所有的访谈在获得被访者同意的情况下都做了录音，因此，数据整理的主要工作是对访谈内容进行转录，以及对田野观察笔记、研究日志和反思笔记进行梳理。鉴于转录工作量的庞大，部分访谈内容的转录工作得到了研究团队其他成员的支持，转录后形成的文字超过 30 万字。所有转录工作分为三个步骤进行。第一次转录在田野调查结束后的一个月内完成，主要任务是将转录内容与访谈现场记录、观察笔记进行比对和标注，尽可能做到场景还原。第二次转录核对工作发生在再次调研前，重点回顾第一次转录过程中记录的疑问，包括受访者所使用词汇和话语的真实含义。例如，受访者张大姐在提及家庭医疗费用支出时，使用了"那家伙，去年住院，我老公挣得还不够她花的呢"的表述，其中，"那家伙"是对婆婆的称呼，还是只是一个语气词表达，需要通过再次调研来进一步了解，并对家庭成员间的关系进行核实。第三次转录核实工作在本书撰写阶段进行，重点是通过不同访谈对象对同一信息的表述一致性进行验证，包括村庄集体经济的状况、村庄有哪些能人精英、原水泥厂转型情况等。

---

① 政策文本是政策制定部门用来对政策对象实施治理的规范性文件，它不仅构成了政策部门执行行政管理职能的程序性和工具性框架，而且是政策部门行政管理职能、传达行政态度和实施行政措施的正式载体。

这三次转录及核实工作有效地保证了数据的真实性。

在对所有转录的文本信息展开分析时，首先，采用开放式编码方法对信息资料的意义进行编码，根据研究主题寻找关键词并记录。其次，在开放式编码的基础上进行二次编码，即对编码进行回顾、审阅和再归类。特别是将意义相近的编码进行归类，这个过程始终处于反复归纳和解读的状态。由于反复解读可能产生不同的归类视角，这也使相同一级的编码很可能会被归入不同的主题词下。在整理、编码、解码、归纳、分析、解读这一系列不断反复的过程中，本书围绕社会生态系统的抗逆力理论研究框架中的各因子，以及它们之间的互动，最终概括和阐释出本书的研究发现。

研究伦理方面，质性研究的特点决定了其在研究伦理方面应具有更高的要求。出于研究伦理考虑，笔者首先告知了研究对象本次研究的目的和内容，在征得研究参与人员的知情同意后①，遵循了自愿性原则。在调研工作开展过程中，因访谈对象对本次研究感兴趣的程度不同，或受工作时间和地点限制，少数研究对象选择不继续参与访谈，因此绿色转型受影响村民个体的追踪案例最终确定为10位。另外，本书在研究对象信息方面，包括对人名、地名、企业名称、参与交流会的社会组织和媒体机构的名称都进行了匿名处理，以避免泄露个人和组织信息。同时，对访谈、观察、小组讨论等信息均进行了严格保密，已公开发表的文章也遵循匿名和保密原则。此外，过程中的音像和录像也仅为项目研究团队内部使用，不对外借阅和透露相关资料。

---

① 调研伦理说明是指研究参与者应当被告知充分的信息，以理解研究的目的、研究过程、潜在的风险以及可能获得的收益。在此基础上，研究参与者的同意应当是在充分知情和自愿的基础上达成的。这一过程要求研究者必须提供明且透明的研究信息，以确保参与者能够根据自身的判断力对是否参与研究做出理性的决定。此种伦理要求旨在保护研究参与者的自主权，确保其利益不受伤害，并促进研究实践的道德规范性和法律合规性。

第四章　社会生态抗逆力的微观剖析

　　微观层面主要指和绿色转型受影响的村民个体及与个体发展联系最为密切、频繁的系统直接接触。在微观层面将讨论个体、家庭和亲朋邻里。个体处于微观层面的最里端，就个体而言，家庭是中国人基本的认同和行动单位，中国人以家庭为本位，而非以个人为本位。中国的传统文化特别强调和重视家庭与亲属关系。即使在亲属关系不断弱化的广大农村地区，家庭仍旧是最基本的生活和生产单位，家庭往往作为一个整体共同应对逆境，因此家庭也是外部风险的直接承受者和最重要的风险庇护场所。本书的研究对象家庭构成简单、功能相对完整，且家庭均处于生命周期的满巢期。在遭遇逆境时首先依靠家庭自身拥有的资源抵御危机和冲击，其次寻求亲朋邻里的帮助和支持。因此，本书将个体及其家庭、亲朋邻里归属于同一层面来进行讨论。

　　微观层面的个体（包括其内在特征）及其家庭、亲朋邻里的交互，在大体上影响了个体特征，决定了其应对来源于自然、经济和社会的不确定变化的能力，这构成了绿色转型受影响群体抗逆力生成发展的核心动力。研究发现，个体自身拥有的优势资源不同，会导致良好适应的程度存在差异。这些优势资源包括土地资源、经济资源（储蓄）、劳动力资源，本书将其称为易观察到的显性优势资源。个体在利用这些显性优势资源的同时，面临着诸多挑战，这些挑战削弱了它们的保护作用。而个体的积极心理因素，如乐观顽强精神、目标感、信念、内控观等，以及社会网络资源这些因素不易被观察，也较难测量，本书将其称为隐性优势资源。

第一节　显性优势资源

一、土地资源

　　在现代社会语境中，"农民"不仅是指从事农业生产的劳动者，也是指在职业、社会地位、社区组织方式、文化模式、心理结构和生存状态上具有共性的一群社会成员。提到农民，人们首先想到的就是他们对土地的眷恋。这种眷恋在林耀华《金翼》一书结尾体现得淋漓尽致——当敌寇临近时，老人仍然叮嘱自己的子孙别忘将种子埋进土里。土地不仅解决了农民的温饱问题，还是他们赖以生息的资源，并且塑造了农民的性格与文化。在 Y 镇，农民在城市化进程中逐渐从农业生产劳动转向非农劳动。尽管土地资源仍然是农业重要的生产资料，但农民已经不像他们的祖先那样完全依赖土地了。随着改革开放、市场化和城镇化的推进，以及农村地区乡镇企业的兴起，农民的生产方式、生活方式和行为方式均发生了变化。在田野调研中，几位村民大致描述了 Y 镇农村家庭普遍的土地情况，人均不足 1 亩旱地，主要种植小麦、玉米、花生、红薯等作物。村民家里种植的庄稼、蔬菜基本上都是自给自足。据西方村村干部周顺介绍：

> "西方村属于半山区，人均不足 1 亩地。后来推广经济林建设，很多人就种了核桃树（享受国家补贴）。现在地里主要是玉米、小麦、花生。玉米一般是出售，小麦主要还是自己吃。"（2016 年 9 月，西方村村委会办公室）

此外，2006 年国家层面取消农业税的政策举措，不仅显著减轻了农民的经济负担，而且对农业的可持续发展产生了积极的推动作用。自此，国家逐步加大对农业的支持力度，包括对特色产业的扶持等。在此背景下，土地作为农业生产的基本要素，亦开始从国家农业补贴中获益，尤其是种植粮食作物的农户得以享受相应的补贴政策。此外，地方政府为促进太行山沿线的绿化工程，鼓励村民种树，并向村民提供了一系列的种树补贴，其中，每亩核桃树的补助金额达 1200元。这一政策导致部分村民的土地使用方式发生了转变，一些村民选择放弃粮食作物的种植，转而将土地全部用于树木的栽培。这一现象的出现，一方面反映了村民对于经济收益的考量，另一方面也体现了对于农业管护工作的时间和精力成本的考量。此外，农民的种树行为亦受到邻里效应的影响，即一些农民在观察到其他村民种树并获得收益后，亦选择跟随种植。由此一来，这部分村民不得不通过购买粮食来满足日常生活需要。

总体说来，Y 镇村民对于土地持有一种实用主义的态度，认为土地是保障基本生活需求的重要资源，其观点可以概括为"土地能解决温饱，是老百姓的依靠""老百姓吃饭都没有问题"，并将土地视为一种生计的依托。据此，土地对于 Y 镇村民而言，具有降低家庭生活成本的实质性意义。然而，Y 镇土地资源面临的挑战不容忽视，具体体现在以下四个方面：①土地资源的稀缺性。Y镇农民的人均土地拥有量相对较低，限制了土地在满足村民生活需求方面的潜力。②农业生产方式的变革。随着包括Y镇在内的华北地区农业机械化水平的提升，农民的劳动强度大幅度减小，尽管在农作物收割期间劳动需求增加，但在其他时期则相对闲暇。③土地收益的局限性。土地产生的微薄收益显然已不足以覆盖家庭生活的全部开支和消费需求。④农业劳动力的高龄化趋势。当前农业生产经营人员主要以"50后""60后""70后"为主，青壮年劳动力的减少表明在田间劳作的人力资源正面临萎缩。有学者在分析农民的生存状况时指出，种子、化肥、农药、农业机械等农业生产成本不断上升。随着市场化和城市化的深入发展，农民所面临的日常经济压力并未减轻。正如调研中Y镇各村村民所描述的那样，务工赚钱是当地农民生计的主要来源。

Y镇各村农民传统上依赖土地资源以解决基本生存问题。然而，随着城镇化进程的加速和深化，农民逐渐脱离土地，土地的荒芜、征占、污染、流转以及耕种传统的逐渐消失，使土地在持续保障Y镇农民生计方面的作用正在逐渐减弱。尽管农民仍能依靠家庭土地资源以维持基本温饱，但家庭生活需求不仅限于解决食物问题，还包括医疗、教育等其他方面的开支，这些需求需要通过务工来获得经济收入以维持。自20世纪90年代起，建材类乡镇企业在Y镇所辖村庄迅速发展，形成了区域性的专业化水泥生产聚集区，并逐渐成为Y镇地方支柱产业。因此，水泥行业及相关的衍生产业链和服务行业自然而然地成为当地农民就近就地务工的首选领域。

二、储蓄资源

通过对四个调研村的研究发现，经济资源是个体及其家庭维持正常生产生活的重要基础。这些资源的主要形式包括经济收入、现金储备或存款、流动资产、解雇费、政府救助补贴和社会保障收入等。然而，调研村村民并未从水泥厂的关停中获得任何解雇或遣散补偿，因此，村民家庭最主要的经济资源构成仍是务工收入和储蓄。以北方村2010年水泥厂员工工资为例，一线工人每月收入1500~2000元，管理层人员①的月收入为2000~2500元。至2014年左右，私营水泥厂工人的平均月工资已增至3000元，这表明在水泥厂工作已成为Y镇农民的重要生计来源。

---

① 管理层人员同样源自村民群体，他们主要负责对一线员工进行组织与指导，这些一线员工的工作内容涵盖装卸作业、产品包装、看守机器、供料填料及化验分析等。

Y镇农民依靠水泥产业获得的收入早已转化成家庭储蓄。中国人历来有储蓄的传统，儒家文化强调节俭、勤俭持家和为未来做准备，对于农村家庭来说，储蓄即是"积谷防饥"的思想，也是家庭财务管理的主要方式。近20年来，农村家庭的一个主要任务就是完成代际责任，获得成就感，并实现人生意义。多年的水泥厂工作经历，使村民积攒了一定的存款和购置的资产（如不同类型的运输车辆等），动用储蓄是可以帮助他们应对短期经济压力最直接的策略。研究发现，这些存款成为他们应对逆境的重要保护性因子。绝大多数的村民都曾在水泥厂工作，并依靠其获取经济报酬，他们把这些水泥厂干活积攒下的存款称为"老底"。这意味着这些积蓄是村民最后能动用的资源，被当成无法获得经济收入时的家庭基本生活维持费用（如冬季采暖期的长期停工）和应急性的刚性支出（如家人看病或孩子读书）。

  研究发现，对于那些经济受损且积蓄已不多的家庭而言，他们只能通过削减开支和寻找新的收入来源来应对困境。南方村村民赵健家的情况便是一个例证。现年46岁的赵健在水泥厂关闭后，利用自己掌握的电焊技术，迅速在锅炉厂找到了一份工作。他认为自己的技术并非顶尖，但身体状况良好，愿意付出努力工作，因此每月能赚取3000~4000元的收入。2016年，赵健的女儿进入了大学，一年的学费和生活费为1.2万~1.3万元。此外，遵循农村的传统习俗，赵健和他的三个兄弟每年轮流照顾家中的两位老人，并承担相应的养老费用[①]。赵健的第一任妻子几年前因癌症去世，为了给妻子治疗，家中在水泥厂工作所获得的积蓄已全部用于医疗，此外还有十余万元的债务尚未偿还。赵健现在的妻子在隔壁镇的制衣厂工作，由于工厂距家较远，她平时就住在厂里，每月能赚取1500元。他的第二任妻子有一个儿子在部队服役，家庭没有额外的开销。尽管赵健计算出每年全家收入约为3万元，但大部分收入仍需用于偿还债务，因此家中并无多余资金。对于已经好些年没有积蓄的赵健来说，没办法像其他家庭一样吃"老底儿"，因此，他便在新的工作中创造家庭收入。

  研究显示，只有极少数村民将积蓄用于再生产和发展。从村民积蓄的主要用途来看，主要用于完成子女教育和婚嫁的支出，特别是对于有儿子的家庭来说，父母的财务压力更为显著。伍海霞（2011）指出，在农村地区，教育和婚嫁支出是目前抚养子女阶段最为主要和必不可少的支出项目。因此，在大多数情况下，Y镇村民的积蓄并未被用作家庭再生产和发展的资源。

---

  ① 费孝通在其研究中指出，中国家庭的代际关系呈现为一种"反馈模式"，在该模式中，子女被期望回报父母的养育之恩，履行对年迈父母的赡养义务，这被视为子女不可推卸的责任。

不将积蓄作为再生产的资源主要也是基于对不确定未来的担忧，如农业生产具有天气变化、病虫害等风险。地方文化和传统观念更倾向于保守的财务管理方式，即储蓄而非投资，同时也不敢用、怕亏本，从而有可能导致整个家庭陷入逆境。此外，村民也需要为养老做一定的准备。然而，这些"老底"却也面临着枯竭的风险。

　　灵活就业①与正式岗位就业在劳动条件、工资、保险福利待遇以及就业稳定性方面都存在差异。灵活就业的收入波动性大，这使经济收入难以持续地注入农民的"蓄水池"，从而对农民的经济安全构成了挑战。储蓄的减少普遍导致农民产生经济不安全感，迫使他们更加谨慎地管理家庭预算。对于家中储蓄不多的刘大姐而言，这种情况尤为严峻。自水泥厂的稳定工作消失后，刘大姐的家庭只能靠丈夫的灵活就业来维持生计，而家里的老人和读书的孩子都依赖刘大姐的照顾。这便造成现年43岁的刘大姐无法外出打工挣钱的局面。在水泥厂火热的那些年，刘大姐家庭竭尽全力，用其在水泥厂工作所得的收入以及从亲戚处借来的资金总计超过20万元购买了一辆小吨位的货车用于开展运输业务，每月能赚取4000~5000元。然而，随着水泥厂的拆除，家里购买的货车由于吨位较小，无法承接新的工作，最终只能作为废铁闲置在家中。

　　研究发现，地方农民生计来源的缩减，加之家庭"蓄水池"资源的枯竭，将直接影响家庭对子代教育的投资和支持，进而影响子女的教育质量、成长环境以及他们的发展机会。研究还发现，近20年来，Y镇农民依赖水泥产业及其相关衍生产业获取的经济收入，已逐步转化为每个家庭的积蓄。这些积蓄作为农民生计的稳定器和压舱石，在应对不可预知的不确定性和不利环境方面发挥了显著作用。然而，随着农民陷入逆境，积蓄不断消耗，这一保护因子的优势作用逐渐减弱，难以持续为绿色转型受影响群体提供有效的逆境抵抗支撑。

三、劳动力资源

　　无论是向积蓄注入活水，还是弥补土地收益的不足，最终指向的都是劳动力资源，即通过务工获取收益。这里的"务工"包括打短工、在邻近工厂较稳定地长期工作、跑运输等一切可以谋生的生计手段。劳动力是一种能给村民带来信心和摆脱逆境的优势资源。水泥厂关停初期，村民并未表现出过度的悲观。原因

---

　　①　灵活就业作为一种就业形态的集合概念，其在劳动时间、收入报酬、工作场地、社会保险以及劳动关系等维度上，与传统工业化工厂制度所定义的主流就业方式存在着显著的差异。这种就业模式摆脱了传统就业结构和劳动组织形式的束缚，展现了就业形态的多样性和适应性。

除了家庭尚存有一定积蓄外，还因为他们认为"身上有劲儿，啥活都能干"和"农民有的资源就是劳动力，只要能干活儿，总还能积极想办法"。为此，他们从水泥厂出来后，纷纷积极寻找村庄附近务工的机会，以便获得经济收入。他们中的绝大多数依靠灵活就业来获得经济收入。

灵活就业的一个核心特征是其工作的不确定性和不稳定性。在灵活就业的体系中，能够找到连续数月相对稳定工作的村民是少数，这种就业形式通常伴随着较高的就业流动性和间歇性。这种工作模式可能涉及频繁更换工作地点、工作时间和工作内容，以及经常性的待业周期。比如，南方村的村民杜壮飞在离家不远的旧寨村旁的一家砖厂找到了一份长期的工作。

还有一位北方村的村民谈到了他儿子干运输工作的经历：

"我儿子在拉车，一次挣 100～200 元，车也算里头，还有油。"（2015年 10 月，北方村街边）

从村民身上不难看出，他们积极发挥他们所具有的劳动力资源优势抵抗逆境。然而，他们在运用劳动力这一核心优势资源寻求工作和发展机会时，也面临诸多挑战和限制。

（一）挑战之一：有限就业空间内劳动力的过剩与竞争

水泥厂的集中关停和最终拆除，使 Y 镇一下产生近万名富余劳动力。这些富余劳动力都在周围地域寻觅工作机会。

当地著名的小河乡曾家村非正规劳务市场是一个自发形成的劳动力集散地，位于省道公路交接处的加油站门口。每天早上 6 时起，求职者携带各自的劳动工具在此聚集，期待着潜在的工作机会。当雇主出现时，求职者群体迅速聚集围观，形成一种动态的劳动力市场互动场景。在对工钱讨价还价的过程中，雇主通常会迅速评估在场其他求职者的状况，以确定雇用决策。值得注意的是，这一非正规劳务市场的活动周期大约持续至上午 9 时，随后人群逐渐散去。

研究发现，劳动力市场供需的变化，尤其是需求容量的不足，表明务工机会的获取涉及竞争，这种竞争可被视作受影响群体之间的一种互动形式。随着水泥厂的关停，未能立即出现新的替代产业来吸纳大量的剩余劳动力，这导致当地村民不得不涌入自由劳动力市场。特别是女性就业者在市场中的比例增加，她们往往以更低的工资获得就业机会。然而，也有部分村民表示他们"暂时不会考虑去劳动力市场"，而是更倾向于"哪怕是在家里再多等等，也要去找相对更长期稳定点的工作"。学者蔡禾（2019）指出，在劳动力市场上，劳动者个体通常处于弱势地位，劳动力的再生产并非只是个人问题，也不应仅由个人的工资水平来决定，因此，他强调政府需要在其中扮演重要的角色，不能完全依赖市场机制来处理劳动力市场的相关问题。

（二）挑战之二：年龄的限制

在劳动力市场中，当劳动力供给过剩时，雇主在招聘过程中往往拥有较大的选择优势，尤其是在临时工的招聘中，这一现象更为显著。市场供给明显大于需求，导致雇主在招聘时会设定诸多条件，其中对劳动者年龄的限制即为一个常见的筛选标准。这一现象在西方村的案例分析中得到了体现，村民夏成才从水泥厂出来后，由于年龄超过 50 岁，无法在村庄附近的砖厂找到工作，虽然砖厂的工资水平较高且具有一定的就业稳定性。类似的情况在其他村民中也普遍存在，他们普遍认为年龄是获取就业机会的一个重大限制因素。

而提供长期就业机会的企业，对于求职者的要求相对较高，即便是诸如高速公路服务站的保洁员等基层岗位，竞争亦相当激烈。西方村村民赵秋红自从事服务站保洁工作以来，两年的时间里工资并未有所增加，她对此却并未表现出不满。同时，许多企业对于求职者的年龄限制也日趋严苛。已过 45 岁的赵秋红认为，自己很难再找到类似服务站的长期工作。

然而，留在村里的村民除了妇女、儿童和老人之外，其余大多数是 40～50 岁的男性。北方村的村干部指出，全村 800 名村民中，有 400～500 人是 40～50 岁的，这些人群普遍需要依赖灵活就业以维持生计。在水泥厂运营时期，水泥厂的工作岗位适合不同年龄层次的劳动者，其中，40 岁左右的男性劳动者是水泥厂的主要劳动力。此外，即便是妇女和年长的老人，只要身体状况允许，也能在水泥厂及其相关衍生产业链的企业中找到合适的工作岗位，从而获得一定的劳动收入。现在"赋闲在家"的老年村民向研究者描述：

"水泥厂什么人都要，年龄要求也宽松，体力可以都能进。村里有上班的、拉车的、开饭店的，家家户户都干这些。"（2015 年 10 月，北方村街边）

"在水泥厂看机子虽然工资低，但关键是不挑人，老、少、妇女都行啊。"（2015 年 10 月，北方村街边）

"以前水泥厂看大门的或者岗位工对年龄都不设限。"（2016 年 9 月，南方村小广场）

特别是在 40 多岁的这一年龄段，他们往往是当地家庭的经济支柱，肩负着重要的家庭责任。他们的子女中，年长的可能正在就读高中或大学。因此，出于对家庭责任的考虑，这部分群体往往选择就近工作。

（三）挑战之三：安全健康风险

在长期运营的过程中，水泥企业已经建立起相对成熟的安全管理体系，并在实践中不断完善。与之相对应的是，长期在水泥厂工作的村民对于自己所工作的场所内部安全状况有着深刻的了解和认知。当村民转向灵活就业模式时，他们需要从事多种类型的工作，由此面临的安全和健康风险变得不再确定和可控。在灵活就业的背景下，一些村民在晚上收工后，不得不拖着疲惫的身体在乡村道路上骑着电瓶车摸黑行驶，这无疑增加了交通安全的风险。此外，从当前的情况来看，灵活就业的村民能够找到的较为长期的工作岗位，多数集中在砖厂等类似场所。

在砖厂受过伤的徐剑做了 3 次手术，徐剑在家养伤期间，妻子王霞在村上的小作坊鞋厂工作。之后，徐剑到砖厂复工，妻子王霞也跟着去砖厂工作。现在上班的情况是夫妻二人采取两班倒的方式，徐剑白天工作，王霞则上夜班。对此，王霞描述：

> "我今年准备上夜班，晚上 7 点到早上 7 点。我觉少，不爱睡觉。晚上干活比较清静，干扰少、出活快。"（2018 年 4 月，西方村徐剑家）

研究发现，对于那些肩负着抚养子女和赡养老人双重责任的村民而言，严重受伤所导致的健康问题对整个家庭产生了较大的影响。具体而言，家庭主要劳动力的工作能力丧失，加剧了家庭的经济负担，治疗可能涉及高昂的医疗费用，这无疑会给家庭带来额外的经济压力；家庭成员可能需要减少工作时间或者放弃职业发展机会，以承担起照顾受伤家庭成员的责任。这些因素共同作用，使家庭在面临严重受伤事件时，承受着多重压力和挑战。

（四）挑战之四：技术锁定和受教育文化水平不高

研究发现，Y 镇的劳动力普遍存在受教育水平较低、劳动技能单一化的特点。这一现象在很大程度上影响了当地劳动力的就业结构和职业发展路径。在 Y 镇，水泥行业作为主要的就业领域，其劳动力市场的进入门槛相对较低。该行业中的绝大多数岗位属于基础性劳动岗位，对于劳动者的学历要求较低，也不要求具备特定的技工等级证书。这种"只要有体力，能干活就行"的就业标准，与当地劳动力的整体素质结构相匹配。Y 镇的两位村民讲述了他们的经历：

> "水泥厂工作不需要培训，技术含量低，水泥行业特别简单，就是下个料，然后磨机加工，有人看着机子不出问题就行。"（2016 年 9 月，北方村村委会会议室）
>
> "当时水泥厂里男女差不多都没有技术要求。一般进入岗位工作有人带一下就能上手，化验、看机子（磨机和提升机）、包装、装卸、电工、销售等，只有电工和化验稍微需要点技术。"（2016 年 9 月，北方村村委会会议室）

此外，Y 镇村民长期在水泥厂工作的经历，使他们将水泥厂视为教育程度较低子女的未来就业选择。在这种认知模式下，村民普遍认为，对于那些"不会念书"的子女来说，水泥厂等对文化、技术水平或专业知识要求不高的工作，成为了他们未来主要的务工选择。这种观念在一定程度上反映了当地社会对于教育、职业选择和劳动市场的理解与期待。与此同时，当地政府工作人员也普遍认同农民群体平均受教育程度较低、技能不足的问题。他们特别指出，农民现有的教育水平和新兴产业结构之间的不匹配问题尤为突出。这种不匹配不仅限制了当地农民在更广泛劳动力市场中的竞争力和流动性，而且也制约了地区经济的多元化和转型升级。

原水泥厂转型之后的企业家也认为，以往的水泥厂对劳动力的文化和技术要求较低，导致村民在多年的水泥厂工作中，虽然获得了一定的经济收入，但并未积累到实质性的技术和经验。水泥厂的拆除不仅意味着就业岗位的缩减，更意味着村民需要适应新的产业和工作要求，这一转变对于缺乏必要技能和教育的村民而言，无疑是艰难的。

在产业转型升级过程中，劳动力市场的技能需求和劳动的实际技能之间可能存在差距，这一差距会对劳动者个人和整个社区造成一定程度的影响。受教育程度和技能的限制，绿色转型受影响群体缺乏多元化的技能和适应性，这使他们在面对需要较高技能或专业知识的新型就业机会时可能处于劣势，难以适应变迁的就业市场。

（五）挑战之五：思想观念束缚，乡土观较强，不出远门就业

在调研过程中，几乎所有接受访谈的群体都提到了当地关于不远行工作的传统思想和生活观念。对于他们来说，离开熟悉的家乡去外地工作是一件难以想象

的事情。村民展现出强烈的乡土观念和地域认同感，他们通常具有深厚的家庭观念，重视与家庭成员的共处和互动，习惯于维持一种完整的家庭生活，同时表现出强烈的地方认同①和地方依恋②。这些因素在某种程度上制约了他们适应不断变化的就业市场的能力。这一发现与学者杨印山和杨江文（2008）对河北农村劳动力的抽样调查结果相呼应，他们指出，"小富即安，故土难离等传统观念束缚了当地农民的思想，形成了'离地不离乡，就近不就远'的就业行为模式"。调研中村民普遍表示，Y镇乃至整个河北地区的人们恋家、不愿外出是一个普遍现象，这种较高的家庭归属感和对家的依赖已经成为一种特有的地域文化。这种文化认同感使他们不愿意离开自己熟悉的环境，从而在无形中影响了他们的就业选择和流动性。HL市工业和信息化局的领导在谈到地方上的人们恋家、不愿外出的问题时也分析说：

> "这个区域的人有个特点，老板不大愿意出去投资，村民也不愿意出去找工作。"（2016年9月，HL市工业和信息化办公室）

Y镇兴旺饭店的吴老板也介绍说：

> "这儿的人乡土情结比较浓厚。"（2016年9月，Y镇兴旺饭店）

水泥厂关停后，南方村的村民杨师傅就一直在Y镇周边工作，从未想过外出的事。在传统思想的影响下，家庭被视为生活的核心，远离家庭被认为是不利于家庭和谐的行为。同时，在农村社会中，社区是一个重要的社会单元，农民对社区有深厚的感情和依赖感。离开社区去外地工作意味着失去社区支持和熟悉的社会网络，也会让许多农民感到不安和不适应。

毫无疑问，劳动力资源是村民最显著和最可靠的优势资源，它被视为绿色转型受影响群体解决生计问题的"开源"途径。然而，Y镇绿色转型受影响的群体在务工过程中面临着诸多挑战，其依赖的劳动力资源优势受到了显著削弱。在短

---

① 地方是社会与个体意义互动交织的产物，它不仅承载着社会文化的内涵，也反映了个人经验的独特性。地方认同则涉及地方所具有的象征意义，它作为情感与人际关系的容器，为个体生活提供了深层的意义框架和目的感。在这一过程中，地方成为个体认同构建的重要组成部分，形塑了人们对于自我和社区的感知。

② 地方依恋是指个体与特定地理区域之间形成的情感性联结，这种联结体现了个体对于该地区的情感投入和归属感。

期内，他们难以有效地利用这一优势资源。在微观层面，个体及其家庭拥有的上述这些显性优势资源，在一定程度上有助于他们应对逆境。然而，多重风险和挑战在不断侵蚀和削弱这些优势资源的基础。特别是随着受影响时间的延长，这些显性优势资源受到的制约越发明显，进而影响了村民抗逆力的生成与发展。在此背景下，诸如情感支持①、自尊②、自信等隐性资源的重要性越发凸显，它们值得受到更多的关注和分析。这些隐性资源在个体和家庭应对外部压力和内部困境时，可能扮演着至关重要的角色。

第二节　隐性优势资源及意义系统

研究发现，受影响的个体及其家庭成员在不同程度上表现出应对逆境的积极自我概念、乐观坚韧的精神态度以及高度的自我效能感③等心理特质。根据Scheier 和 Carrer（1987）的定义，个体对未来事件结果保持积极预期的心理倾向被界定为乐观性④。这种乐观性作为一种心理资源，对于个体在面对逆境时维持心理健康和做出适应性行为具有重要作用。接下来本书将从追踪的几位村民个体的经历来分别展开讨论。

一、积极的自我概念

自我概念是指个体对于自我存在的内在体验，它涉及个体通过经验、行动、反省、反思以及他人的反馈等多种途径，不断对自身进行持续的认识与理解。自我概念的水平高低反映了个体对自身综合评价的积极性，其中，高自我概念意味着个体持有积极的自我评价，而低自我概念则指向个体对自身的消极综合评价。那些拥有积极自我概念的个体，通常具备较高的自尊心和自我效能感，这使他们

---

①　情感支持主要体现为为他人提供鼓励、关心、爱护以及在困境中的陪伴等心理慰藉形式，它是社会支持网络中不可或缺的组成部分，对于维护个体的心理健康和社会适应具有重要意义。

②　自尊反映了个体对于自我及其所属群体的经济评价，与个人的自我价值感知密切相关。这一心理建构体现了个体内在的自我认同和自我尊重，是理解个体心理发展和行为表现的关键因素。

③　自我效能感（Self Efficacy）是由心理学家 Albert Bandura 在 20 世纪 70 年代提出的一个心理学概念，指个体对于自己执行特定行为或完成特定任务的信心水平。自我效能感的强弱往往预示着个体在面对挑战时的坚持程度和成功可能性，其中，高自我效能感个体会拥有更强的动力和毅力。

④　乐观性描述了个体对未来事件结果持有积极预期的心理倾向，表示个体对事物发展持有正面看法和良好预期。乐观的个体往往能够看到情境中的积极方面，这对于应对生活中的压力和挑战、促进个体的心理健康和提高幸福感具有重要作用。

在遭遇挑战和困难时，更倾向于展现出坚忍不拔的精神和乐观的态度，不轻言放弃。这种心理资源对于个体的心理健康和应对逆境的能力具有重要的促进作用。

（一）自力更生、坚忍不拔的乐观精神

田国强，51岁，初中毕业，妻子离世后独自带着儿子在北方村过活，儿子觉得读书没用，初中没毕业就去了天津河西亲戚家帮忙。亲戚经营着一家汽车玻璃安装店，田国强的儿子主要负责贴膜（保护膜）的工作。一般来说，老家没有大事的话，儿子就只有过年时才回家一趟。从1998年开始，田国强就一直在水泥厂看护机器，其间偶尔在砖厂、钢厂和建筑工地工作。田国强愿意在水泥厂干活，因为厂子就在家门口，相比之下，其他零活不稳定，又要往外跑。水泥厂关停后，他不得不靠灵活就业维持生计，他把这种状况称为"跑班"，每天早上5点半就要出门，晚上7点才往回赶，即便是高温天气，田国强也会坚持到工地干活。与村里大多数家庭相似，田国强家里的地都无偿给同村人种植，他认为"只要不撂荒就行"。虽然地少，但种植和收割等管护环节也都需要花时间，算下来还不如直接包给别人省事，自己有需要的时候对方还能给点蔬菜和粮食，不够吃就再买点。

田国强在村庄中过着独居生活，他的家中并未购置任何家用电器，这是因为他个人比较节俭，他的日常开销相对较少。除了必要支出外，他将所有的收入都积攒下来，为儿子未来的婚事做准备。儿子结婚被视为他生活中的头等大事，而筹备婚礼、建造新房以及购买家用电器等事项，都需一笔不小的费用。

像田国强这样将下一代的代际责任作为明确的奋斗目标，特别是将子女成婚这件事视为重要的人生任务，往往是村民保持顽强精神力量的核心和动机。同时也被理解为家庭过日子的意义所在和个人的人生价值。田国强作为一家之长，他的乐观向上精神使其具有处理危机的能力，而这主要源于他"自力更生"的信念和帮助孩子成家的人生目标。水泥厂关停之后，田国强要离家在外灵活就业，收入有所减少，但他不仅没有抱怨，在言谈中还流露出对未来的希望与信心：

> "每年可以存2万元，儿子春节回来也会交点钱存着。我不喜欢按3年、5年期存钱，喜欢每3个月存一次，这样可以把本金和利息加一起再存，（也是为了方便）可以随时取钱用。我不发愁，焦虑也没有用，我这个人不太愁。"（2017年7月，HL市四川精品饭馆）

田国强所展现的自力更生和坚忍不拔的乐观精神，是一种在逆境中保持积极心态的生活哲学，这种哲学使他能够在生活的艰辛中找到乐趣，即所谓的"苦中作乐"。这种心态不仅体现了他较少受外在因素的干扰和影响，也反映了他对个人意志力的坚定。在面对困难和挑战时，他不轻易放弃，而是勇敢地迎接挑战，积极寻找解决问题的途径。这种积极主动解决问题的态度，不仅有助于他在逆境中保持稳定的心理状态，也促进了他对环境的适应和个人的成长。

（二）良好的认知能力和内控性

36岁初中毕业的常勇，家庭人口共六人，其长子就读小学，次子尚未入幼儿园。自次子出生后，常勇与妻子蕙兰迁至西方村，与岳父母同住，以便于子女的教育和日常照护。西方村地理位置优越，临近小学和幼儿园，方便接送孩子上学放学。同时，自水泥厂拆迁后，常勇的工作需要频繁外出，岳父母的协助对于小家庭的运转至关重要。蕙兰作为村中少数的高中毕业生，文化水平高，曾在村内服装厂工作数月，但生完孩子后，她的主要职责就是照顾孩子。常勇在水泥厂关闭前，以驾驶运输车辆运送建筑材料，包括石头、石粉和水泥等为主要收入来源，日收入200~300元。水泥厂关闭后，常勇的运输业务急剧减少，最终放弃了运输工作。夫妻二人曾考虑转投长途运输业，跟着以前跑运输的朋友去山西拉煤。但妻子认为跑长途运输容易疲劳驾驶，且对路况不熟悉也容易发生事故，因此出于安全顾虑，妻子反对该计划，于是常勇不得不出售运输车辆，另寻他计。随后，常勇购置了一辆五座客运车辆，在当地提供客运服务。然而，随着水泥厂关闭导致相关服务业衰退，常勇的客运业务亦"断崖式"下滑。2016年常勇跑客运的日收入降至100元。面临生计压力，常勇开始关注生态环保领域的商机①，并敏锐捕捉到国家将持续加强污染防治和提升空气质量的坚定政策信号，即推动环境治理和绿色转型的政策实施方向不会改变，且力度还会逐年增大。于是，在从事客运业务的同时，常勇积极思考转行可能性和可行性的问题，主动联系政府，承包与绿化荒山、植树造林等相关的工程。他组织了村里的12个村民，承接了政府在村庄周边开展的一项绿化项目。尽管种树这个绿化项目仅持续三个月，但为常勇提供了稳定的收入，有效弥补了客运业务下降带来的经济损失，并在过程中逐步探索出一条新的发展路径。2017年，在谈到今后的发展时，他又有了新的思考，他说：

---

① 在交流会上，常勇积极与政府工作人员等多元群体深入对话，通过这一渠道，他获得了关于国家绿色转型政策的总体方向以及地方政府可能推进实施的相关项目的详细信息。

"长久来看我有考虑（未来的发展方向），想后面搞物流运输①，主要在本省跑运输，可以直接找物流公司挂靠（接活）。前几天我试着跑了一趟，从黄花岗到石家庄，一车货 2000 多元，当天来回可以赚一趟的钱。我算了算，一个月可以跑 10 趟。"（2017 年 7 月，常勇的客运小车内）

　　常勇的积极认知和内控观②唤醒了个体的内部保护机制，使他不仅意识到逆境的程度，而且相信命运是自己能够掌握和控制的，而不是取决于运气，即相信自己能够驾驭自己的生活。虽然逆境初期常勇和家人都感受到压力，但是在应对逆境的过程中，他积极思考转型并主动创造机会，不断反省谋划，重新调整、改善和改变生计方向。2021 年，常勇仔细思量后准备再次调整生计方向，他和几个亲朋商量承包 400 亩地，准备尝试经营以种植小麦和玉米为主的家庭农场③。他之所以选择家庭农场，一是能够响应国家积极培育和发展农民合作社和家庭农场两类新型农业经营主体的号召，赶上并利用好相关的优惠政策④；二是觉得家庭农场既符合绿色发展，又是今后农村农业的发展方向，而自己的家庭及亲朋的劳动力资源也很充沛，可以发挥劳动力优势。虽然农业种植也存在一定的不确定性和风险，但常勇分析后认为，家里既有现成的收割机器设备，家人又具备种植小麦和玉米的经验，村庄土地又是优质小麦的种植区域，完全具备运营家庭农场的条件。常勇认为，做家庭农场的主要风险是病虫害防治，但与跑运输的生计相比，运营家庭农场的风险相对要小很多，也是较为稳妥的生计转型选择。此外，较早转型也可能会拥有更多的机会，能够抢占发展的先机。作为承担家长角色的常勇，具备领导、调动家庭资源和分配家庭劳动力的能力，正因为常勇的有效决策和应对行为，使他家能够较快适应新的环境条件并从逆境中恢复，进而得到新的发展。

---

　　①　常勇充分利用交流会上获取的信息，特别是关于地方政府正在建设的 Y 镇物流工业园区以及其区域规划的相关资料，为后续的决策提供了重要的参考。

　　②　心理控制源概念指的是个体对于行为或事件结果的一般性认知观念，即个体感知到自身对当前所处的环境及未来命运的影响能力。内控观是指个体相信自己能够影响当前的环境和未来的命运，高内控个体倾向于将行为结果归因于个人内部因素，如能力、努力等。高内控个体通常认为生活事情处于其控制之下，进而表现出对自己行为的更高责任感。

　　③　家庭农场作为一种新型的农业经营主体，其运营模式主要依赖于家庭成员提供的劳动力，通过集体参与实现农业生产的规模化、集约化和商品化。在此模式下，农业收入成为家庭的主要经济来源。

　　④　优惠政策涵盖了多种支持措施，包括农业农村部推行的信贷直通车活动，该活动使农业经营主体能够从银行获得低利率和便捷的贷款服务，以支持与农业生产、服务以及与之直接或间接相关的产业的正常经营与发展。

（三）高自尊和自信

宋文成①，男，出生于 1975 年，系北方村村民，拥有初中文化水平，家庭成员共五人。家庭结构中，其母亲长期患有疾病，需持续用药并居家养护，身体条件允许时，母亲能偶尔帮家庭成员做饭。宋文成的妻子在照顾家和地的闲暇之余，会在村庄周边寻找零散的工作以贴补家用。2016 年，宋文成的女儿开始进入河南省某高校就读财会专业，儿子则小学六年级在读。在个人生活史的叙述中，宋文成自述其经历了"人生的大起大落"。他的职业轨迹始于 Y 镇一家国营兵工厂，在兵工厂工作 6 年后，因企业效益下滑，宋文成主动选择辞职。自 20 世纪 90 年代起，北方村陆续建立了五家水泥企业，宋文成于 1999 年开始踏入村庄及周围地区的水泥行业。他主要负责利用拖拉机和铲车为水泥厂运送渣料，直至 2014 年水泥厂关闭。在水泥行业发展的鼎盛时期，宋文成家里拥有 3 台运输车辆，包括铲车、拖拉机和装载车，这些车辆为其家庭带来了显著的经济收入。对此，宋文成自豪地回忆说：

> "当时在水泥厂的收入很高，2000 年的时候拉料 5 元一吨，一车就是 60 元，那会儿一个晚上就能赚 300~500 元。以前水泥厂的活特别多，不到一个小时，就能赚 100 元。想当年，我盖房子的时候，村里其他人家都还没有开始买砖嘞（脸上露出得意的神情）。"

这十来年，宋文成就更换过好几家水泥厂的工作，原因是水泥厂产能的不断提高②以及后期小型水泥厂的关闭。

> "我在红星厂干了 4~5 年、凤凰厂 4~5 年，又去蓝牌特种水泥厂干了 2 年，最后在凤凰厂又干了几年，都是做同样的工作。之所以频繁更换工厂，是因为家里车子的吨位跟不上企业产量。以前厂里磨机小，能磨 3~5 吨，家里的拖拉机能拉 3 吨，能跟上磨机，后来厂里的磨机大了，能磨 30~50 吨，家里的车就跟不上了。吨位跟不上就换厂，哪边适合就去哪边。"

---

① 本书中所引用的宋文成的访谈内容，均源自 2016 年 9 月至 2021 年 10 月进行的实地入户访谈、微信沟通以及电话交谈。所有入户访谈均在其住所——宋文成家中进行。

② 产能提升的主要动因是为了适应市场的需求，企业主进行了技术革新。后期随着政策的变动和监管的加强，企业主试图通过安装大型磨机设备来提升生产效率。

2013 年，随着凤凰水泥厂的关闭，宋文成的水泥行业营生被彻底终结，他的生计压力也陡然而生。从水泥厂出来，宋文成不得不开始从事其他工作。

2014 年底，位于村庄附近的一座砖厂正式投入运营。宋文成得以在砖厂获得一份稳定的工作。砖厂的位置相对便利，离宋文成的家很近，骑车也就十几分钟。该砖厂专注于生产盲道砖和人行道砖等彩色砖块，其生产过程采用了被视为新型节能技术的石粉综合利用工艺，相较于其他砖厂的工作具有一定的稳定性。

宋文成的就业选择受到了多重因素的限制，其中不仅包括年龄和技能的制约，更涉及家庭责任和照顾生病家庭成员的需求。作为家中的独子，宋文成承担着照顾年迈母亲的责任，这限制了他寻找工作的地理范围，使他不得不在家附近寻找就业机会，而无法离家太远去找工作。自 2014 年底起，宋文成开始在砖厂工作，自此保持了较长时间的工作稳定性。他的日常生活呈现一种规律性的模式，几乎每日往返于砖厂和家庭之间，形成了典型的"两点一线"式生活方式。除了因环境因素如雾霾导致的工厂停工外，宋文成的生活节奏具有较高的一致性。宋文成的职业经历从在国有兵工厂操作"龙门刨"开始，到后来辞职进入水泥行业做运输工作，在经济上获取了丰厚的收入，他在村里率先建起了新房，并将大女儿送往 HL 市接受教育，女儿也成功考入大学，这一时期可视为他个人生涯的"高光期"。2012~2014 年 Y 镇水泥厂的关停使宋文成的职业轨迹经历了重大转折。面对生活的起伏，宋文成以"波浪式发展"来宽慰自己，他认识到人生既会有高峰也会有低谷。他的这种生活哲学体现了一种积极的心态和对自我能力的肯定。在遭遇困难和挑战时，宋文成总是依靠自身的努力，积极主动地寻找解决问题的方法，并有效地应对，这种适应性是他在不断变化的社会经济环境中保持稳定和发展的关键因素。

二、目标感和希望感

(一)"红旗不能倒"与《平凡世界》的启示

宋文成把自己视为家中"不能倒的红旗"。他是家中的顶梁柱，从"养家糊口"、儿女上学到母亲看病，一切都需要依靠他这个"顶天立地"的男子汉。宋文成非常清楚自己的家庭角色和身上肩负的责任。

对家庭成员不可推卸的责任，成为宋文成"红旗不倒"的强大动力，也使他在面对逆境时镇定自若，承担起主要的责任，引领家庭应对困难和危机。同时，因为受过一定的教育，酷爱阅读，他还喜欢从阅读的大量书籍中汲取力量。

"我特别喜欢《平凡的世界》，说了很多人生道理，一直鼓励着我的人
生，路遥写得不赖。人生不如意十有八九，凡事要从容不迫，坦然面对，才
能领悟人生的真谛。兵来将挡，水来土掩，船到桥头自然直。"

宋文成在访谈中反复提及路遥的《平凡的世界》，总爱拿书中的人物孙少平
和自己做比较。既是因为他们同样都出生在农村，过着大体相似的生活，也因为
他们都热爱阅读，渴望从书本中获得精神力量。

《平凡的世界》这类励志的书籍给了宋文成很大的动力，特别是书中人物不
屈不挠的奋斗拼搏精神、面对挫折仍不放弃追求的坚强信念、对待困境的态度和
勇气都激励着他，书中的很多人物都成为了宋文成的榜样。2019 年见面时，他
又和笔者聊起了其他给予他力量的书籍与影视作品。

阅读成为宋文成和自己内心交流的重要桥梁，也使他的内心变得更为强大。
因为爱读书的缘故，宋文成也希望子女能够获得良好的教育和具有更宽阔的眼
界，他也乐于努力地为子女教育进行投入。他期望子女可以通过读书来改变现
状，这也可以弥补他曾经没能继续读书的遗憾。

两个孩子的学业成就均相当优异，这不仅为宋文成带来了极大的满足感，更
成为他持续奋斗和前行的强大动力源泉。宋文成对子女教育的投入和关注，不仅
源于他对子女不再重复他曾经的生活轨迹的深切期望，更源于他将提高生活质量
的希望寄托于孩子身上，期望他们能够实现自己未能完成的"以读书改变命运"
的梦想。在当代社会，教育被广泛认为是个人改变命运的关键途径。教育不仅传
递知识、技能，还为个人提供发展机会，助力提升个人的社会经济地位。已有研
究表明，教育投入与劳动者收入之间存在着正相关关系，即教育的投资能够显著
提高个人的经济收益。2016 年宋成文就谈道：

"我两个孩子学习都挺好，儿子从小学到初中，学习在班里都是第一。
我儿女双全，成绩又都这么好，我也知足了。《平凡的世界》给了我精神力
量，要像书里那样，再穷也不能穷教育。"

在回答他是如何应对生活逆境的问题时，宋文成分享了他的心路历程。他坦
言，尽管家庭收入的锐减带来了沉重的经济负担，但他始终提醒和告诫自己，生
活中最重要的是子女的成就和家庭关系的和谐。面对逆境，宋文成认为自己正值
壮年，能够承受困苦，他相信"年轻时受罪不叫受罪，年老了受罪才叫难受"。

宋文成有意识地构建了一个层次分明的目标体系，并始终保持对这些目标的追求，这种对目标的清晰认识和坚定追求，成为他及其家庭的一种保护机制。他将全部精力集中在目标的实现上，从而激发了他内在的抗逆力整合过程。谈及女儿，他说："她是学会计的，至少有了一技之长。无论她毕业后找个工作能挣1000元还是几千元，只要能自食其力，不再需要我资助，我就感到负担减轻了。"2021年，宋文成的女儿顺利完成大学学业回到当地，并在 HL 市的一家国内知名乳业公司找到了工作，月薪 3000 多元，公司还提供五险一金及食宿安排。对于女儿的这份稳定工作，宋文成感到非常满意。女儿的工作收入已足够她在 HL 市的生活开销，并且还能节俭出部分资金补贴家里，这恰好实现了宋文成对女儿的最初期望。宋文成的信念与行动之间形成了良性互动，他的自我激励和积极行动带来了积极的后果，这些后果进一步强化了他的信念，展现了他面对逆境时的坚韧和智慧。

（二）希望感

同宋文成一样，南方村的村民杜壮飞也将家庭的希望和重心放在孩子身上，希望子女能够"有出息"，拥有一个美好的未来。即便在上初中的大儿子的学习成绩并不理想，杜大哥仍旧想方设法为子女创造更好的发展条件，不断鼓励儿子继续念书。他分析说：

> "孩子现在的成绩不太好，但也要上完初中（才行）。（到那时）十五六岁，哪怕技校也要上，起码有一技之长。希望儿子有技术、有学历，如果能够继续升学，就更好了。"（2016 年 12 月，南方村村会议室）

在中华文化中，"望子成龙"构成了多数家庭的普遍期望，这一现象在传统文化中尤为显著，其中，子女的教育和成长都被认定为核心的家庭责任之一。父母普遍对子女的学业和未来职业寄予厚望，坚信较高的教育水平与更广泛的就业机会及更优越的职业发展路径紧密相连。在宋文成和杜壮飞两位个体的案例中，明显体现出他们对于子女未来的热切期望，并希望这些期望能够转化为现实，子女能在人生旅途中实现卓越成就，成为有影响力的个体。所谓的希望感是对未来的一种积极、乐观的期待和信念，它能够激励人们在遭遇困难和挑战时保持积极的心态和努力，推动个体向目标迈进，并坚信自己具备克服困难、达成目标的能力。希望感是一种面向未来的信念，是对未来发展的积极预期，即便在当前境遇不佳的情况下，仍然能够想象并期待一个更加美好的未来。这种信念使个体坚信选择和努力能够带来正向的结果。在 Walsh（2013）看来，保有希望感在逆境中至关重要，抗逆力不仅涉及对可控因素的掌握，也包含对不可控因素的接纳。希望感作为一种重要的心理资源，它能够增强个体的抗压能力，提升自我调节和适应能力，帮助个体有效应对生活中的各种挑战和困境，维持积极的心态和行为模式。

三、高度的自我效能感

自我效能感指的是个体对于自身在特定领域或任务中能够成功完成任务的信心和信念，它反映了个体对于自己能够有效地控制和影响环境、实现预期目标的信心水平。这一概念涵盖了个体对于自身能力的信任、对于目标达成的信念、对于应对挑战的信心以及对于持续努力的坚持。自我效能感的水平高低对个体的动机、行为选择和持久性具有显著影响，进而作用于个体的成就表现、情绪状态和心理健康。在逆境情境中，具有高自我效能感的个体倾向于肯定自身的价值，坚信自己具备能力和信心来抵御压力或应对危机情境中的复杂问题，并能够实现自己的目标，即表现为"我能行"（I can）的信念。这种信念体现了个体对自己能力的信任以及对成功完成任务的坚定信念，能够激励个体探索新领域、克服障碍、追求目标，并在遭遇失败时保持积极的心态。自我效能感作为一种重要的心理资源，对于促进个体的适应性和心理健康具有不可忽视的作用。

南方村的村民杜壮飞初中毕业后就在水泥厂做电工，之后到石家庄的石狮热电厂当了一年多的保安，后来看见列车上招聘卖东西的售货员，就辞掉保安的工作去参加应聘，并顺利入职。杜壮飞在火车上做了半年的销售工作，就在车上认识了妻子莉莉，于是他辞掉工作带着莉莉回到南方村结了婚，安顿下来。2005年，28 岁的杜壮飞重新回到村上的水泥厂做装卸工，因为头脑灵活、干活认真麻利，很快他就当上了车间的"带班长"，手下管理五个工人，直到 2012 年水泥厂关闭。其间妻子莉莉在村上的编织袋厂上班，生产专供水泥厂使用的袋子，每月收入 1000 多元。水泥厂关停后，编织袋厂也跟着倒闭，莉莉只能"赋闲在家"。2016 年，杜壮飞家里的两个孩子，一个上初中，一个上幼儿园，母亲跟着他生活。水泥厂关闭前，一家人约有 5 万元的年收入，全家拥有 7.7 亩地，其中的 4.6 亩已经栽了核桃树。杜壮飞准备把剩下的地都种上杨树，树苗由政府无偿提供，每年政府还提供种树补贴。杜壮飞觉得村里人普遍都是靠打工养家，地里种粮食根本赚不到钱，自己家的地也多年不种粮食，而种树不费劲，既绿色环保，又能受政府发放的种树补贴。

水泥厂关停前，杜壮飞就发现厂子"有点不对劲"，因为厂里突然一下就"不进料了"，于是他就预料到可能"要坏事"。作为"带班长"，他主动询问老板，并和老板约定，自己所负责的五个工人每天的工资支付方式要改成用现金每日结算，工作完当天就可以领到工资，以此确保不会被拖欠工资。这期间，杜壮飞就开始在村庄周边的砖厂寻找新的工作机会，因而他刚离开水泥厂就立刻去了砖厂上班，砖厂月薪4000多元。虽然砖厂工作的劳动强度大，较之前水泥厂的工作更辛苦，但杜壮飞坚信他有能力干好这份工作，并能赚钱养家。

杜壮飞以往丰富的工作经历也让他相信，无论在哪里工作，只要踏踏实实地干，就一定能挣到钱，凭借自己的双手，就一定能过上"好日子"，实现美好的生活愿景。个体拥有较高的自我效能感则更可能会采取正面、积极的行动来实现自己的目标。高度的自我效能感使杜壮飞能够控制住负面想法，在抵抗逆境的过程中努力驱动自我积极应对，实现适应和转化，甚至是成长。

四、社会网络资源

社会网络资源指的是个体通过其所处的社会网络而获取的各种资源，包括信息、支持、建议、机会、资源共享等。研究发现，受影响农民较少从正规渠道或"正式社会网络"获取诸如就业等资源和信息。他们更多依托于非正式社会网络，包括亲缘关系、血缘关系、族缘关系、地缘关系和业缘关系为联结的社群网络。中国的家族、亲朋邻里、同乡同学等，与国外相比，都具有特别的意义，依靠亲属、家庭、邻里和朋友等人际关系网络提供资源和信息，能够获得介绍一些工作的机会和资讯。电话、微信等网络社交工具逐渐成为他们获得就业信息的主要渠道。村民普遍认为，通过这些方式获得的就业机会，往往比直接前往小河乡曾家村劳务市场得到的工作稳定性更强，且薪资也更公道合理。亲属的支持通常是帮助受影响农民走出逆境的有效手段。同时，积极的人际关系可能取决于个体所生活的社区特征，支持性的人际关系是提升自尊与自我效能的最重要因素（Werner，1993）。更强的自尊可能来自于家庭凝聚力。北方村的村民田国强没找到工作时，他的弟弟和小妹给他提供了精神上和经济上的帮助。水泥厂关停后，田国强总会给在铁路部门工作的弟弟打电话寻求帮助。

个体社会网络资源的核心构成依然是以家庭成员和亲属为主体的社会关系网络。通过这一网络，个体能够获取包括就业机会、行业信息、社会动态等多个方面的信息资源，这对于个体理解外部环境、指导其决策与行动具有重要意义。在田国强的案例中，家人和亲属对其个人能力的信任以及提供的情感支持，不仅促进了其自我认知和自我效能感的提升，还增强了他的主体能动性，为其面对逆境时提供了信心和勇气，从而有助于个体抗逆力的培养。

此外，通过朋友和邻居介绍，个体同样能够获得工作机会和个人成长的空间。个人的专长、能力以及品格等素质成为衡量其是否能胜任工作的关键标准。在乡村社会中，那些平时以"人勤快、为人好"和"踏实肯干"著称的村民，往往更容易获得朋友和邻居的推荐。通常情况下，由村里朋友和邻居介绍的工作不涉及抽成或工作介绍费，这体现了社会网络中互帮互助的良性循环和社区成员之间的信任关系。

家庭、亲戚、朋友、邻里等社会网络资源不仅促进了个体间的互助互惠，而且还有助于加强和扩展个体的社会网络结构。在田国强的例子中，他不仅在灵活就业中实现经济收益，还积极参与"帮助朋友"的活动，其在帮助亲朋时总是辛勤付出，并保持一种积极的态度，从来不会出现消极怠工的现象。研究表明，在农村社区中，由于密切的人际关系网络、社区凝聚力、资源分配的限制以及传统文化价值观念等方面的影响，互利互惠的人情往来在社区互动中扮演着至关重要的角色。这种互惠机制激励社区成员积极投入劳动，长期的互助支持和相互帮助在情感和行为上塑造了深厚的社区联系，从而促进了互惠性和利他性的社区文化的形成。

田国强和亲朋之间的这种免费互助行为普遍存在于 Y 镇。相较于城市，农村社区的资源分配相对更为有限，因此社区成员更需要依靠彼此之间的互帮互助。互利互惠的人情因素可以有效地调动社区内部的资源，满足村民的基本生活需求。例如，田国强为儿子结婚盖房的工程，除了必须花钱请"建筑队"进行施工的部分外，其他的活都会请朋友来"免费"帮忙，这种形式类似于相互换工的人情往来，取决于个体之间关系的亲密度。

此外，互联网技术的迅猛发展对人们的思维模式和行为习惯产生了深远的影响，尤其是在网络和智能手机广泛普及的背景下。这种技术的可及性为村民提供了多元化的渠道，以便与外界进行沟通和交流，以及获取信息和知识。在此过程中，互联网不仅是一种信息获取工具，更成为了促进经济发展的新平台，村民甚至可以利用网络信息平台技术拓展农产品的销售市场。从社会网络分析的角度来看，一些农民通过业缘关系，借助类似微信这样的社交媒体工具，成功找到了工作，这体现了社会网络在劳动力市场匹配中的重要作用。村民田国强为了与在外打工的儿子进行视频通话，同时也为了工作联系和休闲娱乐，特意在家中安装了无线网络。网络环境的建立显著改变了田国强的日常生活模式。在闲暇时间，田国强常独自在家使用智能手机，通过网络平台进行社交和娱乐。值得注意的是，网络的接入也为他提供了新的就业渠道，田国强就曾通过微信等社交工具成功找到了工作。

社会资源可以通过社会互动和情感支持、促进自尊和自信来缓冲压力以及加强应对能力。此外，社会资源还可以提供信息和指导，帮助个体分析、评估威胁及合理做出应对。当逆境产生时，来自朋友、邻居等的信息或建议可能会提高个体的逻辑分析、寻求信息和主动解决问题的能力。家族和社会网络都是危急时刻的生命线，能够提供现实和心理上的支持。然而，社会网络资源要是个体、家庭、亲朋、邻里等长期持续互动、交往和日积月累的结果，与社区归属感①的强弱程度、邻里关系的紧密程度、互惠支持文化等密切相关。

研究发现，由于村民的生活半径相对较小，生活圈子呈现稳定且封闭的特征。在这一社会结构中，村民与他们的亲朋好友乃至邻里之间，在社会经济地位上都出现较强的同质性。这种同质性在一定程度上限制了他们在面临逆境时相互提供支持的能力，因此群体内部的支持资源相对有限。尽管如此，在个体经历困难时，"重要他人"② 所提供的情感和精神支持仍然具有不可忽视的作用。村民宋文成的儿子曾经是他最大的骄傲，从小学开始，儿子的学习成绩就在学校一直名列前茅，初中也考上了 Y 镇最好的中学，然而初中毕业后儿子便休学了一年，2021 年复学进入高一。

在宋文成儿子的教育历程中，其子叛逆导致的休学一年，无疑对宋文成及其家庭造成了显著的心理和情感压力。在这一困境中，宋文成经历了一次"遇见贵人"的社会支持体验。一位远房亲戚在所谓的"儿子学业危机"事件中，为宋文成提供了重要的精神支持，通过言语的开导和劝慰，帮助他缓解了心理压力。此外，该亲戚还向宋文成推荐了一系列励志类书籍和电影，旨在激励他从中汲取精神力量，重建面对困难时的信心和决心。宋文成自身亦感知到，能够从"儿子学业危机"中恢复过来，在很大程度上得益于这位贵人的指点和劝导。社会支持理论中，"重要他人"所提供的支持和鼓励对于个体的心理健康和逆境应对有重要作用。在本案例中，"重要他人"的支持不仅为宋文成带来了力量和安慰，更

---

① 归属感涉及个体与所归属群体之间的内在情感联结，它表现为个体对于群体成员身份的认同以及对于该从属关系的持续维护。

② "重要他人"（Significant Others）指的是那些在个体生活轨迹中占据重要地位的个人或群体，他们在个体的情感体验、行为模式、态度取向以及价值观念的形成与塑造过程中，具有显著的塑造力和影响力。这些"重要他人"可能包括家庭成员、朋友、亲密伴侣、教师、导师等，他们在个体的社会化和个人发展过程中起着不可替代的作用。

增强了他面对逆境的勇气。对此，他说：

> "幸好有贵人，针对儿子读书遇到的这些问题，给了我很多的意见，在我困难的时候给了我精神上的帮助。"（2021年10月，北方村宋文成家）

由此可见，危机吸引了家庭成员的高度关注，促使家庭成员凝聚在一起，通过相互支持共同应对挑战。这种凝聚力有助于家庭共同渡过难关，增强家庭的稳定性和凝聚力。逆境之中亲戚、朋友等重要他人也能够为个体提供支持，他们在个体面临挑战、困难或逆境时，往往能够成为个体抵抗逆境的重要力量，提供情感上、实质上的支持和帮助，包括倾听、理解、鼓励、安慰，以及物质上的支持、信息的分享、问题的解决等。这种支持可以帮助个体度过困难时期，增强个体的抗压能力，甚至促进个体的成长和发展。

五、信念："好好过日子"

希望作为一种针对未来的坚定信念，能够激发个体的内在能量和努力。信念则构成我们观察和理解世界的"透镜"，它不仅决定我们所能感知的现实，还深刻影响我们的认知结构和所持有的态度。信念是在社会互动中构建的，它为我们定义了现实的意义。在家庭功能中，信念系统占据着核心地位，它是培养个体抗逆力的强大动力。在中国文化中，家庭占据着举足轻重的地位，被视为个体生活的重要支柱和依托。中国文化强调以家庭为单位，将家庭利益置于个人利益之上，通过家庭的不同禀赋来应对危机，这往往是中国家庭抵御逆境的策略。家庭代表着成员之间的彼此扶持和互相支持，通过调整家庭成员的角色、寻求扩大家庭的支持网络、改变家庭成员的工作时长和地点等方式，维持或恢复家庭的正常功能，从而在危机中实现平衡适应甚至发展，达到新的稳定状态。共同的信念体系有助于塑造和强化家庭内部的互动模式，使家庭成员能够团结一致，共同面对和应对困境的挑战。

首先，逆境中家庭成员角色的灵活调整。在家庭遭遇逆境时，家庭成员的角色和家庭劳动力资源的配置将经历显著的变化，以适应新的社会和经济压力。为了维持或恢复家庭功能的正常运转，家庭会动员所有成员共同应对危机，其中最显著的适应策略便是家庭成员角色的灵活调整。在此过程中，男性村民普遍寻求并接受不稳定的工作，而女性村民外出务工逐渐成为家庭经济的重要稳定收入来源。研究发现，家庭中男性和女性之前较为明显的两性分工格局被打破和重组，男女角色和劳动分工迅速发生转变，从传统的"男主外、女主内"模式演变为夫妻双方均需外出工作，女性参与工作的程度提高，家庭贡献作用也变得日趋明显，形成了一种更为平衡和共同承担的家庭模式。这种家庭适应策略的灵活性体现了家庭在面对外部压力时的适应性。村民普遍认可农村妇女的多重角色和贡献，她们不仅承担家务、抚养子女、从事农活，还需外出工作。随着地方企业的减少和劳动力市场的竞争加剧，尤其是男性劳动力在本地市场获得稳定就业机会的难度增加，而市区内的服务业岗位，如餐厅服务员、家政、月嫂、护工等，对女性劳动力的需求相对较大。

以宋文成的妻子吴芳为例，她从水泥厂出来后，就一直在村周边通过灵活就业补贴家用。吴芳最初在邻村的批发市场从事搬运工作，每天早出晚归，工作时长超过 10 小时，每日收入 60 元。尽管这份搬运工作提供了稳定的月收入，但吴芳因身体虚弱，又有慢性疾病，难以长期承受重体力劳动，这就导致她最终不得不放弃在批发市场的工作，与丈夫宋文成一同前往小河乡曾家村劳务市场寻找新的就业机会。然而，随着曾家村劳务市场的就业竞争加剧和家庭开支的不断增加，吴芳不得不选择离开 Y 镇，在 HL 市的南国商城找到了一份鞋店服务员的工作，其工资结构为底薪加销售提成。吴芳对这份工作表示满意，因为它允许吴芳每天骑车两小时往返于商城和家之间，既能维持家庭生计，又能兼顾家庭照顾和子女教育。后来，吴芳通过亲戚介绍，成为住家保姆，前往 HL 市帮助他人照顾小孩，每月收入 3800 元。由于住家保姆的工作性质，她每周只能回家一次，周六回家，周日再返回 HL 市。与此同时，进入初中就读的儿子也开始住校生活，每周五回家，周日返校，吴芳和儿子的作息有一天的重叠，这也是全家每周团聚的一天。2020 年，宋文成在搅拌站工作，负责驾驶 4~5 吨容量的装卸车，主要在厂区内供料。这份工作环境艰苦，作业量大且噪声大，因此宋文成的工作时间被调整为工作一天休息一天。对于现在的工作，宋文成谈不上满意，但就他目前的家庭状况和责任来说，却是他认为的最佳选择。

虽然家庭成员之间聚少离多，但在吴芳与宋文成夫妇的案例中，二人通过及时且有效的沟通策略，以及深厚默契的劳动分工与协作机制，来应对家庭成员间聚少离多的现状。在这一过程中，夫妻俩调整了家庭成员的工作时长与工作地点，并最大限度地合理安排配置家庭劳动力资源，持续且适时地积极应对逆境，确保家庭的稳定与和谐，彰显出"家"的力量。

其次，寻求扩大家庭的支持。逆境下家庭原有的养育功能受损，家庭的照顾体系也随之发生变化，主要的应对策略表现在核心家庭向扩大家庭寻求支持。核心家庭通常由两代人组成，包括一对已婚夫妇及其未婚子女，这种家庭结构在现代社会中非常普遍。扩大家庭则是超过两代人，包括祖父母、父母、子女以及其他亲属等各种亲族、血缘关系的"大家庭"，是核心家庭逆境中的主要依靠，能够为其提供所需的帮助和资源，发挥补偿核心家庭功能的作用，降低逆境带来的消极影响，对核心家庭功能进行修复或重构。西方村的村民王霞在 2017 年跟着她丈夫徐剑进入砖厂工作。与徐剑不同的是，王霞选择晚上工作，她认为晚上安静、干扰少，更容易集中注意力干活。由于两人两班倒，这样就出现家里上小学五年级的儿子无人看管和照顾的问题。对于这个难题，王霞解释说因为丈夫是家中 6 个兄弟姐妹中最小的一个，在婆婆去世后，哥哥姐姐对徐剑这个小弟更加关爱和照顾，当徐剑家里出现困难时，他们总会帮着出钱和出力解决。王霞的娘家人里除了小妹嫁到其他村外，两个家族的父辈及其他兄弟姐妹都一直生活和居住在西方村，从未离开。长期和家族成员们之间的紧密来往、合作和相互扶持，使王霞和徐剑与兄弟姐妹间保持着长期密切的交往关系，在遇到困难"能够开得了口"。不能看管儿子时，王霞就会放心将他交给姥姥或者其他兄弟姐妹帮忙照料，而居住在同村的这一便利条件和优势，也使两口子能够经常与儿子相聚，在逆境中重构了家庭照顾体系，并形成了较为稳定的照顾模式。

最后，强调"越困难越要团结和齐心协力"以及"辛勤劳动就能发家致富"的家庭意义，能够增强家庭的凝聚力和一致性，激发出抵抗逆境的动力。中国悠久深厚的历史形成了家本位①的文化传统，传统家庭伦理和文化具有强大凝聚力，虽然现代家庭结构已发生深刻变化，无论城市家庭还是农村家庭都呈现出简单化、小型化的特点。但是家庭生活中"好好过日子"的基本理念并未发生改变，家庭成员间的互助支持仍然存在，家庭网络的纽带依然强韧。虽然每个家庭的条件千差万别，但中国家庭仍普遍相信只要通过全家的集体努力、辛勤劳动就有希望，就一定可以创造更美好的生活，改变现状。只有个体所在的家庭过得好，个体才谈得上过上了好日子。刘玢（2019）指出，过日子既是一种生活方式，也是一套生存伦理，内含着中国人特有的一套生活逻辑，农民的生活有着强烈的家本位观念，追求的不是市场经济的效率和利润，而是"好好过日子"。"好好过日子"指的是在日常生活中，个体以平和、安稳的心态面对生活中的各

---

① 家本位观念强调家庭的需求与利益在价值排序上超越个人的需求与利益，成为优先考量的对象。然而，这一价值取向并不意味着对个人需求和利益的否定，而是体现了在特定的社会文化背景下，家庭作为基本社会单位所具有的集体主义倾向，其中，个体的需求和利益在家庭整体的福祉与利益框架内得到认识和尊重。这种家庭中心的价值体系，既凸显了家庭在个体生活中的核心地位，也体现了个体与家庭之间相互依存、相互支撑的关系。

种挑战和困难，努力追求平淡而幸福的生活，这种态度强调平凡生活的美好，注重细节和品质，追求内心的满足和幸福感，而非追求外在的名利或奢华。信心源自于"一家人踏踏实实地干"，尤其是在逆境中，更加强调家庭成员的相互扶持和团结协作的力量。特别是调研地的民众，他们对固有土地的眷恋、守土守家的传统观念使他们更注重和强调家庭意义。对未来美好生活的向往，更是以家为基础的。家庭共同的信念支撑着家庭成员将其视为一个整体，并提供了一种富有意义的方向，让家庭成员相互理解、彼此提供情感支持，从而不断调整策略，为满足家庭当前需求而寻求更广泛的资源、应对挑战。

此外，当逆境来临时，人们会通过因果关系和解释性的归因来了解事情是如何发生的，并对其做出反应。研究发现，绿色转型受影响群体并不将逆境的造成归因为他们个人。正因如此，个体较少会过度自责和自我否定，他们更倾向于将注意力集中在逆境带来的实际挑战上，并将逆境视为重新审视自己和家庭优势的机会，更易于主动积极采取行动，如寻找新的就业机会、参加再就业培训、调整家庭生活方式等，从而应对逆境。北方村的村民宋文成认为，经济转型是国家发展规划的重要战略选择，这一认识充分体现了绿色转型受影响群体对国家政策的深刻理解和协同配合。其他受访者也给出类似的说法，西方村的村民夏成才认为，环境保护和绿色转型政策会越来越好，水泥厂的关停也是必然的趋势，绿色转型的好处将远远超过短期的损失。南方村的村民钟海平也表示要积极响应和支持国家政策。

综上所述，改变不良认知，拥有坚定的信念、目标和向往都可以促进个体建立自我效能感和现实感，因为个体的想法和行动都将影响并改变他和所处环境的关系。而这是一个隐性的过程，它涉及认知、个体态度或目标设置的改变，进而导致外人难以直接观测到的个体抗逆力的激发和产生。而积极的认知和个人态度则有助于解决压力以及克服逆境。希望、目标感、乐观精神等个体隐性的心理资产"可能会改变人们接受事物的方式，并继续履行那些他们觉得仍然有望实现的承诺"，即使遭遇严重的不利事件时，也能看到事情发展的积极方向和更美好的前景，这一切都有助于个体采取更加积极的认知、态度和主动寻求保护因素，从而更好地适应压力情境。另外，个体对自己能力与效率的乐观信念，可以鼓励个体在逆境中不轻言放弃和坚持不懈。即能够"好好努力"并坚持下来的能力是抗逆力的主要元素之一，坚持不懈就是一种不屈不挠、坚持到底的决心和毅力。自我的积极信念会激发个体去努力，自我暗示、自我实现预言，并在艰难岁月中寻找契机、保持希望。"我们必须要能够跌倒七次，爬起来八次才行。"个体通过把问题外化，将"失败"归因于外因可以达到自我保护的目的，既可以维护自己的面子以及保护其自我形象，同时也能避免个体认知失调，这是促进绿色转型受影响群体成功抗逆的因素。

由上述案例可知，绿色转型受影响群体的积极自我概念、自力更生和坚忍不拔的乐观精神、高自尊、自信、目标感（将注意力集中在目标的实现上）和希望感、高度的自我效能、坚定的信念、社会网络资源的支持、"好好过日子"的家庭意义等隐性资源优势都有助于个体更好地应对挑战和困难，促进个体抗逆力的生成，积极调整个体状态使其持续有效地应对逆境，实现自身的成长和发展。研究发现，微观层面个体抗逆力的激发在较大程度上更依赖于隐性优势资源的发挥，成为激发个体积极解决问题以达到良好适应的主要动力。

第三节　本章小结

本章主要通过村民田国强、宋文成、徐剑、夏成才、常勇、赵健和刘大姐的个案，讨论了微观层面村民个体及其家庭亲朋邻里所拥有的、抵抗逆境的显性和隐性资源优势，以及村民如何调整和利用这些优势资源去主动适应环境，并发挥作用来应对风险与挑战。

绿色转型受影响个体的显性优势资源至少包括土地、储蓄、家庭劳动力资源，它们是绿色转型受影响群体抗逆力产生的基础。土地资源为农民解决了温饱问题，降低了他们的生活成本。即便调研点村庄存在拥有土地数量少、农业耕种传统丧失、依靠土地获取经济收入极其有限等条件制约，但土地仍然或至少为农民提供了重要心理安全保障和退路。水泥厂工作多年积存下来的储蓄资源，对处于关停阶段和过渡阶段的村民抵抗逆境起到了至关重要的作用。储蓄主要被用于子女代际责任、教育、救急和维持生计以及应对未来的不确定性。与土地和储蓄资源相比，劳动力资源是一种积极资源，也是村民最为倚仗的"本钱"，他们通过工作获取经济收入。然而，这个核心优势资源的发挥会受到包括年龄、受教育程度、技术水平等诸多条件的限制。

绿色转型受影响个体还拥有不易观察和测量的隐性优势资源，包括村民的顽强心理特质，它们是绿色转型受影响群体抗逆力生成的核心因素，也是促进个体在逆境中良好适应，特别是达到心理适应的关键动力。通过对上述不同个体的跟踪分析来看，这种顽强精神存在个体性差异。有的人天生乐观，拥有坚定的信念和目标感，保持着积极向上的生活态度；有的人是从一系列励志类书籍中获得鼓励自我和家人的力量；还有的人相信自己有掌握和驾驭生活的能力，能够直面冲击和采取行动解决问题。另外，村民的社会关系和社会网络资源也为他们提供了重要的心理支持和社会资本。家人和亲友的支持性人际关系帮助村民获得了战胜逆境的信心和动力，这些支持包括提供情感交流、财力（借款）和物力（借物）、相互协调照料老人和小孩、彼此推荐工作机会等。他们用"扛"或者"熬"的心态来度过绿色转型的过渡阶段。研究还发现，生命周期处于满巢期的家庭凝聚力更强，也更具备对美好生活的向往和明确的人生目标，他们通过改变家庭分工模式，从传统的男主外、女主内的模式逐渐向共同工作以获取经济收入的新模式转变，形成了一种新的更为平衡的家庭模式，推动其在逆境中激发出抗逆力。同时必须指出，这种心理、精神和信念上的隐性资源，构建起了绿色转型受影响群体对逆境的基本认知，从而成为意义系统的一部分。这部分的意义系统连同中国本土文化中"进取""顺应""超脱""家""关系""忍"等意义符号，共同影响着个体对待逆境的态度、动机和情感状态——它们极可能鼓励个体保持乐观和坚定的信念，从而积极对抗逆境，也有可能使个体以消极方式应对逆境。

在此，有必要强调一下个体与微观层面的融合性和不可剥离性（见图4-1）。个体与家庭、邻里和亲朋之间的互动关系和社会网络，作为一种社会资本，连同其他资源（如土地、储蓄、劳动力等）共同构成了一种对抗逆境的综合优势。这种优势是极具个体特征的，更不用说心理、精神、态度等隐性资源本身就是个体特质的一部分。因此，个体与微观系统紧密相连，无法完全割裂，即个体的行为和经验受到微观环境的影响，同时个体的行为也会对微观环境产生反馈作用，形成一种相互依存的关系，我们可以将其视为一个整体而存在。作为一种类比，个体与微观层面的互动类似于物理学中的原子核与质子、电子的关系，它们共同构成了原子的基本结构，又都同属于一个原子。当然，也正是因为个体与微观系统的这种紧密性和不可分割性，再加上显隐性资源的内生性和动力性，使微观层面诸因子的交互就成为了绿色转型受影响群体抗逆力的一种内生动力机制。在微观层面，个体所属的微观环境影响了内生动力机制的生成与强大，而风险与挑战则削弱和侵蚀了它。在后文的论述中，笔者将微观层面与个体融合为一个整体，嵌入到更宏大的环境中，考察其与系统中其他各层级社会主体的互动。这种分析框架有助于揭示个体与微观层面如何协同作用，共同应对外部压力，从而更深入地理解绿色转型受影响群体的抗逆力。

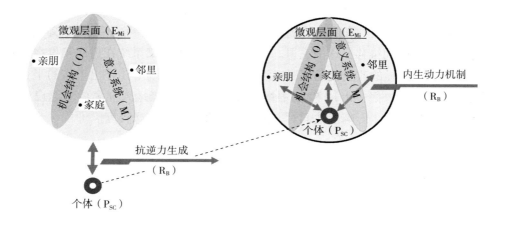

图 4-1　微观层面的抗逆力内生动力机制

在上述提到的微观且紧密的社会系统中，对于村民来说，土地、储蓄和劳动力资源都是可控和可管理的因素，而隐性资源则被视为个体的一种精神特质而存在。因此，个体凭借显性和隐性资源所探索、协商、构建并把握的机会和资源，是完全受控的。对于受到绿色转型影响的群体而言，这样的机会结构理所当然地既具有可及性，也同时具有可用性（见表 4-1）。这种机会结构的可及性和可用性源于个体对自己资源的深刻理解和有效利用。

表 4-1　微观层面的机会结构

机会结构	可及性	可用性
个体	是	是

此外，在时间维度上，动态地观察这个微观的社会生态系统也是至关重要的。从生命周期①的角度来看，绿色转型受影响群体所处的家庭生命周期阶段不同，家庭所拥有的资源、面临的压力以及在应对危机时的表现也存在差异。例如，村民夏成才、赵健、宋文成的子女大学毕业后就开始工作，这自然就会减轻家庭的经济负担。然而，村民徐剑、刘大姐等的子女却可能因为进入高年级的学

---

①　生命周期概念涉及一个动态的互动过程，该过程随个体、家庭和历史时间的发展而演变，体现个人与环境的互动过程。家庭生命周期理论将家庭的发展划分为一系列阶段，每个阶段都具有其特定的特征和任务，在不同的家庭生命周期阶段，家庭所面临的压力和应对危机的方式会有所不同。

习，而使家庭经济压力突增。这些变化都会影响绿色转型受影响群体的抗逆力及其应对策略。一些显性和隐性的优势资源（如储蓄，"扛、熬、忍"等文化符号与意义）随着时间推移而逐渐衰退。本土文化这样的意义系统在近两年也在悄然发生变化，最明显的改变就是调研追踪的绿色转型受影响个体外出工作的半径逐渐变大（村—镇—区—市），生活习惯和方式的改变使当地人守家的观念已经产生了动摇，这进一步影响了他们对土地、家庭和社区的依恋程度。

第五章　社会生态抗逆力的中观近端保护考量

在社会生态系统中，微观层面和中观层面之间存在着相互影响的动态关系。笔者在深入考察了微观层面的村民抗逆力的内生动力之后，将进一步分析影响村民抗逆力的中观层面因素，包括该层面所提供机会资源的可及性和可用性，以及相应的意义系统对村民来说意味着什么。中观层面的系统是一个与个体在时间、空间和关系上都非常接近的外部环境，它决定了受影响个体成长和发展所需资源的性质。在这个层面，能够与个体频繁互动并提供保护作用的主要因素是村庄和企业。个体的发展不能脱离其所置身的社会生态环境，个体所生活的村庄社区和工作的企业共同构成了村民的近端生活场域。这些场域与微观系统相互作用，为村民抗逆力的生成和发展提供了支持。

第一节　村庄

村庄是村民生活的社区，构成了一个融合地理和社会维度的空间。在传统乡村社会中，农民的流动性相对较低，超出家庭范围的公共事务往往与地缘关系紧密相连，使村庄成为一个关键的基本认同单位。村庄本身构成一个系统，拥有一定的资源，对于生活在村庄系统中的村民而言，一个支持性的社区环境对于个体发展至关重要。通过动员村庄的优势资源，可以增强村民应对不利处境的能力。对于一个村庄来说，优势资源通常包括集体经济、土地资源、公共服务提供、精英的引领、信息渠道、动员与组织能力、社会凝聚力等。这些资源为村民提供了生活保障、经济发展支撑、社会支持等，构成了村民生活的重要基础。特别是村庄的集体经济，它是村庄最具优势的支持性环境资源之一。

一、四个调研村

本书所考察的四个村庄皆为 Y 镇最早建立起来的，且拥有数量众多水泥企业及相关衍生企业的村庄。特别是东方村、西方村、南方村和北方村，它们在地理位置、环境资源以及经济发展方面各有特色。东方村、西方村和南方村互为邻里，位于著名的"水泥走廊"及附近地区，拥有相似的地理区位和土地等环境资源。北方村则位于 Y 镇的东部，紧邻省道康庄路。在过去的 30 年里，这四个村庄村民的生产和生活方式相似，主要靠在村庄周边的水泥企业及相关衍生企业工作获取经济收入。

东方村位于 HL 市西北 16 千米处，东边和西方村接壤，全村共有 508 户、2010 人，劳动力 700 多人。全村 65 岁以下的人中没有文盲，15~65 岁的人口基本达到初中文化水平及以上。该村位于半山区，土质较差，但矿产资源丰富，特别是非金属矿石，以水泥灰岩建筑材料为主。这些矿石大部分是露天矿，质量非常好，且容易开采，是发展建材业的重要原料。东方村土地共计 3090 亩，耕地 1852 亩。该村拥有恒昌水泥厂、福禄寿水泥厂、发顺水泥厂、荣昌盛水泥厂、山狮机械厂、远达建材有限公司、东松口高速等企业，占地共计 958 亩。该村是 Y 镇最早建设水泥厂的村庄之一，其采石厂的建设可追溯至 1978 年。该村于 1985 年建立了第一家水泥厂，并在 2010 年之前陆续建立了 20 家水泥厂，共提供了 1800 个就业岗位。这些水泥厂的建设不仅促进了地方经济的发展，还带动了相关产业的兴起，包括 10 家餐饮业、3 家修配厂、5 家水泥制件厂以及 1 家编织厂等个体企业。此外，东方村也是 Y 镇辖内最早拥有集体经济并且集体经济实力最强的村庄之一。到 2015 年，东方村村民的人均年收入达 10000 元。

西方村地处半山区，占地面积在 Y 镇中最大，其山场面积超过耕地面积。西方村西连东方村，共拥有 993 户，总人口为 3712 人，其中，18~59 岁的劳动力人口有 2217 人，划分为九个村民小组。60 岁以下的人口已经实现无文盲，全村普及九年义务教育。耕地面积为 5080 亩，主要为梯田，土质状况较差。山场等非耕地面积共计 8895.7 亩。西方村东临南方村，西接东方村。村域内南部有东松口高速公路穿行，北部有 Y 镇中学和两个村办民营水泥厂（现已拆除）；东部有 Y 镇火车站①（矿山专用铁路）；西北部有恒昌水泥三分公司（占用东方村土地）和民营企业长城水泥有限公司（已拆除）；西南部有恒昌水泥二分公司（占

---

① Y 镇火车站是河北省内为矿产运输而修建的铁路站点，其主要功能定位于货运服务。该火车站与 Y 镇恒昌水泥公司的铁路专线相衔接，形成了高效的物流运输网络。

用东方村土地）；东南部有绿洲水泥厂（占用部分南方村土地）。此外，HL 市新建的生态大道①从西方村西侧经过，并设有两个公交车站。

南方村位于 HL 市西北部，与西方村相邻，且紧邻 Y 镇政府所在地。全村共有 780 户，总人口为 3008 人，其中，劳动力人口为 1648 人。外出流动人口达到 261 人，占全村人口的 8.7%。该村土地总面积为 8103 亩，其中，耕地面积为 3350 亩，包括水浇地 3150 亩和旱地 200 亩。得益于地理优势，南方村成为 Y 镇水泥衍生产业链企业驻扎最多、服务业最发达和最密集的村庄，拥有全镇最为繁华的商业街区。在水泥厂的繁荣时期，Y 镇政府周边的商业街汇聚了密密麻麻的饭店、五金店、磨机配件销售点、机械维修站、编织袋厂、旅店、便利店等。经济的快速发展促进了人口的集聚，尤其是蓬勃发展的第三产业创造了大量的就业岗位，进一步吸引了大量外地人口的流入，对此，Y 镇的一位镇干部回顾南方村的商业街繁华景象时说：

> "行业高峰期时，外地人比本地人还多，补充了一半以上的劳动力。以前这里河南人多，他们有爱吃鸭子的习惯和风俗，所以那时候 Y 镇养鸭子的人也很多，商业街上做鸭子肉的餐馆也不少。集市上做买卖的商贩也多，人流量也大。"（2016 年 9 月，Y 镇干部，A6YABG）

北方村位于 Y 镇的最东部，是一个由 203 户、813 人组成的移民村。全村土地面积为 613 亩，其中，村庄占地面积 100 亩，村办工厂占地 150 亩，村道路占地 20 亩，省道公路两侧绿化占地 90 多亩，耕地面积为 290 亩，均为水浇地。在北方村，65 岁以下的人口基本实现无文盲，15～65 岁人口受教育程度达到初中及以上水平。劳动力人口为 464 人，占全村人口的 57%。自 20 世纪 60 年代以来，北方村因水库建设经历了多次搬迁。1958 年，北方村从库区整体西迁 2 千米，后因水库水位升高，部分耕地被淹没而再次搬迁。1964 年，村内部分村民在政府的安排下二次搬迁至现在的北方村所在位置。由于搬迁后分配到的土地面积有限，村大队对村庄的建设进行了统一的规划。通过对村民生产生活的功能区划分，分别规划出街道、民房、公房、耕地等区域。北方村种植的玉米、油葵和小麦主要是自用，村民主要依靠就近工作获取家庭经济收入。村内设有卫生室、小学和幼儿园等设施，"新农保""新农合"的参加率高达 99% 以上。

---

① 生态大道作为 HL 市南北方向的重要交通大干线，是区域交通基础设施的关键组成部分。2019 年，生态大道历经拓宽、改造及修缮后，全线正式通车，进一步提升了道路的通行能力和区域交通的便捷性。

二、集体经济的支持

村庄的主要收入依赖于经营性资产，这包括土地出租及承包收入、集体经济建设用地出租收入、政府的财政资金投入。政府每年通过基层资金建设项目，向 Y 镇所辖的每个村庄提供 5 万元以上的基本运营费、革命老区资金、移民资金等。Y 镇村庄的集体经济收入主要来自于地租收入。每个村庄因其拥有的土地资源、地理位置等因素的不同，驻扎的水泥厂及其相关衍生企业的数量也有所差异，导致每个村庄的地租收入存在较大的差异。各村庄集体经济的资产主要由村委会负责日常管理。下文将对 Y 镇四个调研村庄①的集体经济情况进行详细介绍，以展示村庄集体经济的运营模式和收入状况。

（一）东方村

根据东方村村委会干部向阳的描述，2014 年水泥厂拆除前，东方村每年的集体收入约为 120 万元。村集体收入的主要来源是两家大型水泥企业支付的租赁费用。此外，村委会还曾利用市场化机制组织创办了村办劳务公司②，专门负责以劳务派遣等方式向村内及周边的水泥厂输送临时工和合同工。在各企业入驻村庄的建设阶段，村集体就与企业签订了优先雇用东方村村民的用工协议，并根据企业的雇用要求为其输送员工。村集体按照企业用工的数量和类型，抽取一定比例的劳务管理费。水泥行业的兴起为东方村带来了显著的经济效益，因此，村集体也慷慨地承担了多项村民福利，包括养老保险补助、"新农合补助"③、"新农保"补贴，以及村民每户的电视收视费、水费以及全村的种地浇水补贴等。逢年过节，村集体还会向村民发放过节费，村里 60 岁以上的老人在中秋节、重阳节等传统节日还能收到额外的补贴。此外，村里还对本村考上各个阶段学校的村民家庭给予一定数额的奖励金④。每年正月十八的赶庙会，村里还会专门从村外邀请表演队到村里进行慰问演出等。2021 年，东方村村委会干部向阳再次介绍村

---

① 本书所涉及的四个调研村庄的人口数量等基础数据，均源自各村村委会提供的正式文字材料以及各村编纂的村志文献。

② 东方村历史上曾成立"东方矿业经营处"，该机构主要负责矿石开采和运输工作，并配备了先进的矿山开采设备以及超过 100 辆的大型运输车辆。此外，该村还成立了"劳务服务公司"，其主要职能是为周边水泥厂输送劳动力以及矿山劳工，此举为约 500 名村民提供了就业机会。

③ "新农合"是指新型农村合作医疗，它是一种基于农村社区的合作医疗制度，旨在提高农村居民的健康保障水平。

④ 东方村针对学生设立的奖励金制度，其具体内容包括：对于高中阶段的学生，每人每年提供 500元的补助；对于普通大学阶段的学生，每人每年提供 1000 元的补助；而对于那些进入重点大学的学生，则每人每年提供 3000 元的补助。

集体经济情况时分析，近几年村集体经济在总收入上尽管没有特别大的变化，但在如何使用集体经济资金的问题上却发生了一些改变。

自 20 世纪 80 年代起，东方村便着手发展水泥产业。2013 年底至 2014 年初，政府采取集中行动，拆除了 5 家小型水泥厂。值得注意的是，这些小型水泥厂都属于个人买断性质，不同于其他村的情况，村集体并不向他们收取占地费，因此拆除它们并不会对村集体收入造成严重影响。与此相对，东方村集体经济的主要收入来源，是对国有企业恒昌以及集体企业河北银创这两家大型水泥企业征收的土地占地费。东方村的集体经济发展模式中，除了征收土地占用费之外，还通过与这两家大型水泥企业的长期服务合作，尤其是提供矿山物料运输和劳动力调配服务，来获取一定的管理服务费用。在具体的运营实践中，恒昌水泥厂的所有运输业务均采用外包模式，主要依靠东方村村民承接。

（二）西方村

与东方村的情况不同，水泥厂拆除后，西方村的集体经济经历了显著下滑。水泥厂拆除前，西方村拥有一家集体水泥厂，2000 年企业改制后转变为两家民营水泥厂，这两家水泥厂每年能向村集体缴纳约 60 万元的土地租赁费。根据村民夏成才的描述，水泥厂拆除前，村集体经济每年收入约为 100 万元。这部分收入主要来自水泥企业的土地租赁费和修建高速公路的征地补偿费，包括东松口高速公路、生态大道等均征用了西方村的集体土地。此外，还有一些临时性的占地集体收入，这些收入相对不稳定。水泥厂拆除后，西方村的集体经济就主要依靠留存的征地补偿款。

2021 年，西方村村委干部周顺在介绍本村集体经济状况时指出，尽管水泥厂已经被拆除，但相应的土地仍然被原来的水泥厂企业家所占用。由于这些土地目前处于闲置状态，且未开展任何形式的商业活动，导致企业家向村集体支付的土地租赁费用大幅降低，目前，村集体收入的主要来源是政府提供的一次性修路建设征地补偿金。

（三）南方村

南方村集体经济收入来源多样，其收入构成包括村属水泥厂的运营收益，绿洲水泥厂的土地租赁费，东环村路的占地征用费，长胜新墙体材料有限公司的土地租赁费，鸿大新型砖厂的土地租赁费，Y 镇敬老院、Y 镇中心学校和 HL 市营朝墙体材料厂的土地租赁费，村庄规划与东松口高速路等的土地征用费，此外还有 Y 镇商贸街的土地出租金等。在水泥厂关停之前，南方村的集体经济实力因其收入来源的多元化和资产构成的丰富性在 Y 镇范围内位居前列，与东方村并驾齐驱，被视为 Y 镇集体经济最为发达的村庄之一。

（四）北方村

北方村的集体经济收入主要是地租收入，该村曾拥有 6 家规模较小的私营水泥厂和 3 家具有一定规模的私营水泥厂，其注册资金接近亿元，主要生产年产量达百万吨的高标准号水泥产品。此外，该村还运营一家规模为 20 人的制袋厂。在水泥厂拆除前，每年向村集体上缴的土地租赁费高达 60 万元。虽然果园的土地租赁费也为集体经济贡献了一定的收入，但水泥厂的土地租赁费仍是主要的收入来源。因北方村地处交通主干道康庄路旁，地理优势显著，成为交通繁忙的地带，每天有大量往返于 HL 市和 FM 县的公交班车及各类运输车辆，交通的便利性为村庄的经济发展提供了有利条件。这一地理优势不仅促进了村庄运输业的蓬勃发展，使村内青壮年可通过购置三轮车、拖拉机、货运大车等参与与水泥相关的运输业务，在水泥产业发展的高峰时期，村内运输车辆数量一度接近百辆。另外，北方村依托连接康庄路的村南公路，成功打造了一条商贸街，村民通过自筹资金投资经营餐馆、理发店、汽车修理、电焊、加油站、小超市等商铺，有效拉动了村庄整体经济的发展。凭借其区位优势，北方村在 Y 镇水泥厂拆除后，成为最早实现转型且转型速度最快的村庄之一。目前，北方村每年可获得的集体经济收入为十几万元。

通过对以上四个调研村庄的集体经济的收入状况的分析可以发现，在水泥厂未拆除之前，各村集体经济的最主要收入来源均为驻村工厂的土地租赁费，尤其是水泥厂的土地租赁费用占据最大比例。土地租赁费用的计算通常采用"双 800+400"[①] 的模式，即按照每亩土地 800 斤小麦和 800 斤玉米的当年国家粮食收购价格，再加上 400 元的公共投入费用（主要包括道路修建费用和管理费用），总计每亩大约 2000 元。只要企业持续经营，便能提供稳定的土地租赁费用。在村庄拥有稳定且可观的集体经济收入的情况下，村集体能够将收入用于支持本村的公共基础设施建设，如改善水、电、路、生活垃圾处理等，从而提升人居环境质量，并为社区成员提供更为完善的福利保障。村民对于村庄集体经济的价值有着高度的认识和肯定。

随着环境治理和绿色转型政策的推进，水泥行业的退出导致多数村庄的集体经济收入迅速下降。村庄失去了以往丰厚且稳定的土地租赁收益。在水泥厂拆除后，土地仍被原水泥企业家所持有，对于未继续开展经营活动的企业家而言，部

---

① 各村在土地租赁费用收取标准上呈现出差异性，部分村庄采取"双 900+200"或"双 1000"的收费标准来计算土地租赁费。

· 104 ·

分人选择与村庄协商调整降低租地费用，而另一部分人则认为他们已经付出足够代价，不愿或无力继续向村集体支付土地租金。这一状况导致了村庄集体经济收入的显著减少。以南方村为例，村委会面临承包人占地不交租金的困境，这不仅导致村庄集体经济收入的大幅下滑，而且在统筹使用土地上也存在障碍。若村庄希望招商引进新项目，还需与原企业老板协商土地转租事宜，这进一步加剧了村庄在经济发展上的挑战。

由于村庄与企业签订的合同在客观上难以为继，在此情况下，村庄无法像从前一样获得稳定可观的土地租赁收益，有的村庄开始难以支持村民的福利发放和村庄的公共服务设施建设及维护。

由于这些村庄的集体收入过于依赖水泥行业，因此水泥厂拆除对村庄集体收入影响巨大。研究发现，在上述 4 个村庄中，东方村的集体经济收入相对稳定，未受到水泥厂拆迁的显著影响，这一现象主要归因于以下四个方面的因素：

首先，东方村紧邻恒昌水泥有限公司和河北银创水泥有限公司，这两家公司分别属于大型国有企业和大型集体所有制企业。由于它们符合环保要求，将持续在东方村运营，为村庄提供稳定的土地租赁费用。此外，在水泥行业整顿的过程中，这两家公司兼并了部分当地民营企业，并将吸纳的劳动力转为正式员工。

其次，东方村拥有丰富的矿产资源，尤其是矿山石灰石的储量大、品位高，易于露天开采，成为上述两家企业的重要原料供应基地。由此催生的东方原料运输车队规模不断壮大，村庄早年制定的运输车队管理条例为集体经济发展和劳动力就业提供了保障。

再次，东方村曾拥有数量众多的小型水泥厂，尽管这些小型水泥厂属于个人买断性质，不向村庄缴纳租地费，但拆除后，当地水泥厂企业家纷纷进行二次创业，有的将原场地改造为矿山车辆停运地，有的投资组建或加入原料运输车队，有的则转型成立饮品厂、生物复合微生物肥料厂等，有的涉足休闲农业和特色种植业，这在一定程度上解决了本地劳动力剩余问题。例如，原水泥厂老板罗天海在 2010 年预见水泥行业产能过剩的趋势，果断将水泥厂出售给恒昌水泥有限公司，随后成立永恒农业科技有限公司，发展多元化农业项目，主要种植山地苹果、樱桃和核桃等作物，并以种植基地为基础，发展农业观光考察、果实采摘体验、农产品初加工等系列业务。罗天海陆续投资 1700 万元，其中，核桃特色种植园规模达 3500 余亩，为东方村及周边村庄村民提供就业岗位 50 个，其员工待遇也普遍高于地方平均水平。罗天海认为，立足于本村发展经济就应该为大家提供力所能及的工作环境，大家劲往一处使才能达到双赢。永恒农业科技有限公司不但为员工提供免费午餐，还为员工修建了配备电扇的午休室，体现了企业社会责任。

最后，在与矿山相关的运输、采矿、装卸、搬运等工作上，上述企业均采取优先雇用东方村村民的原则。在绿色转型和环境规制背景下，尽管大批水泥厂被关停，但东方村村民仍然能够依托村集体，较快地实现转型。

与东方村的情况不同，南方村和北方村由于具备相对优越的地理条件——南方村紧邻 Y 镇镇政府所在地，并拥有繁华的镇中心商贸街；北方村则毗邻交通要道康庄路，村庄结构规划明确，功能分区清晰，且人口较少，这两个村庄依靠过去的积累，维持着村民的福利水平。近年来，农村生活垃圾，包括秸秆、花生、玉米、薄膜等的大量清理和集中处理需村集体来承担，且村庄规模越大，相应的支出也越高。在此背景下，南方村已开始出现集体经济收入减少的现象。

尽管北方村同样面临集体经济收入减少的担忧，但得益于其村庄规模小、人口较少的特点，其在村容村貌建设方面取得了显著成就，在 Y 镇乃至 HL 市范围内都位居前列。北方村整洁的村容和优美的环境，使其在各类乡村评比活动中屡获殊荣，如美丽乡村、和谐乡村、文明村、五星乡村等，赢得了良好的声誉，并因此获得了多项荣誉和奖励金。北方村紧邻康庄路的地理优势，为其经济发展提供了便利条件。在拆除水泥企业后的短短两年内，北方村便成功完成了招商引资工作。

费孝通曾深刻地提出，在中国社会结构中，社会关系的亲疏远近常常通过"自己人"和"外人"的范畴划分来体现，这一现象揭示了中国人构建社会关系时的一种普遍的区分策略。在传统的社会经济格局中，企业往往具有鲜明的地域性特征，它们通常是本地化的，甚至局限于村庄内部，形成所谓的内生型企业。在这些企业中，"自己人"扮演着企业所有者和经营者的角色，由此，村庄内部利益实现高度统一，农民对于"自己人"所经营的企业普遍有信任感与归属感，更倾向于与之建立合作关系并提供支持。然而，在当代社会变迁中，企业的所有权和管理层出现了显著的"外来化"趋势，如在水泥厂关停后，调研地新引进的企业老板多来自外地，这种变化就导致企业与当地农民之间的社会联系相对疏远。在此背景下，农民可能会对这类外来企业持有一定的怀疑和警惕心态，对它们可能带来的社会影响持有担忧。因此，农民可能更专注于保护自身利益，对外来企业采取谨慎的态度，与其保持一定的社会距离。此外，外来企业与村庄社区及村民之间的和谐互动难以建立，也难以成为村民信赖和依靠的对象。周飞舟（2018）进一步阐释，农民在遵循"内外有别"的伦理原则下，针对不同的社会主体采取不同行动准则，这一伦理体系建立在家庭本位的基础之上，构成了一套复杂且高级的伦理规范。据此，村民与外来企业之间建立深厚的情感联系的可能性较低，且在短时内无法将其视为发展的依托。这种情感与态度的差异对于村庄的社会经济发展以及集体利益的维护，具有显著的影响和深远的意义，反映在北方村的经济实践中。村干部陈功在讨论村集体经济的现状时，强调了节流的重要性，指出在无法实现开源的情况下，必须审慎使用集体资源。

与南方村相比，北方村引入的企业虽然能正常经营运转，并为村集体带来相对稳定的收入，但从长期来看，新引入的企业不免也存在一定的风险。

北方村在面临新引入企业所带来的风险时，其集体经济收入的稳定性无疑将受到冲击，这导致村委会在对待收入使用的问题上采取了更加审慎的态度。相较于东方村、北方村和南方村，西方村的集体经济收入显得尤为有限，且由于人口众多，其集体经济已几乎无法为村民提供任何形式的福利。西方村村干部周顺的观点反映了现状，他认为，村民需要外出工作以获取收入，同时指出村庄的凝聚力和号召力相对较弱，村民的思想较为分散，难以形成统一的集体意识。农村社区集体提供的社会保障功能显得尤为关键，它是维护村民福祉、促进社会稳定和可持续发展的基本因素，受到了村民的高度关注。村庄集体经济的繁荣一直是村民引以为豪的资本，而集体经济的衰落则可能对村委会干部和村民的情绪产生负面影响。

三、村庄土地资源的使用

土地资源不仅是集体经济的基础性资产，同时也是村庄实现经济转型的重要资本。在水泥厂拆除后，村庄需利用这些土地资源进行招商引资，以促进当地经济发展，实现土地的增值利用，同时解决剩余劳动力的就业问题。研究发现，东方村在土地资源利用方面取得了显著成效，几乎不存在闲置土地，原水泥厂用地得到了迅速且有效的盘活，转型后的企业（如饮品厂、肥料厂、运输队等）不仅与地方经济发展形成了良好的协同效应，而且作为劳动密集型企业，在吸纳劳动力方面发挥了重要作用。

北方村处于交通运输要道，原有水泥厂老板在政府的鼓励下，通过利用闲置土地资源，成功吸引了外来投资，实现了土地的快速转让和产业转型。例如，红星水泥西厂投资 500 万元转型为吉源驾校，红星水泥东厂投资 3000 万元转型为平安机动车检车线公司，雄狮水泥厂投资 300 万元转型为邦龙汽车修理厂，凤凰水泥厂则转型为投资 1.05 亿元的红亮食品加工企业。不过，这些转型后的企业和单位吸纳劳动力的能力极其有限①，如吉源驾校、平安机动车检车线公司和邦龙汽车修理厂等，其所雇用的北方村劳动力数量不足 5 人，企业员工多为外聘技术工人。此外，尽管某车管所计划搬迁至北方村，但其对本地劳动力的需求并不大。这些单位和企业虽然能够利用北方村原有土地资源，并按期支付土地租赁费，但历史合同的问题严重阻碍了村庄总体发展规划的制定、招商引资的进行以及土地资源的综合统筹利用，被各村庄的村委会视为阻碍当地社区发展的重大障碍。因此，如何合理利用土地资源，实现集体经济的可持续发展，一直都是水泥厂拆除后各村庄所面临的重要问题。在调研中，北方村和南方村的两位村干部陈功和谢胜利都提到了该问题的严重性。

原水泥企业家手上的地皮资源，即便能够像北方村这样快速地成功完成招商和实现企业转型，但仍面临着一系列问题，如引进的劳动密集型红亮食品加工厂，自 2015 年就开始断断续续地搞厂区建设，每年都提及马上进入招工投入生产阶段，但却迟迟不见企业开业经营。2021 年调研在访谈宋文成时，他就抱怨说："红亮食品厂到现在都没有开始营业，等了好长的时间。"

研究发现，多年来，四个调研村庄充分利用自身的土地资源优势，发展企业实体，不仅获得了稳定的收入，有效壮大了村庄集体经济，而且解决了劳动力就近就业的问题，从而在水泥厂运营期间为村庄带来了显著的经济效益和社会效益。随着水泥厂的关停，除了东方村以外的其他村庄，原有的水泥企业家无法有效释放土地资源，导致这些村庄面临失去土地租金收入的风险，同时表现出缺乏统筹安排各类资源、盘活土地资本的能力，以及吸引新企业投资的动力。这一状况不仅限制了村庄整体发展规划的设计和实施，进一步加剧了村庄经济发展的困境，而且对村庄公共服务的质量和水平产生了负面影响。具体而言，一方面，由于缺乏新的土地收益注入集体经济，村庄可用来改善社区环境的资源和手段受到限制，进而影响了村庄公共服务的质量和水平。另一方面，这种局面也增大了村庄治理的难度，迫使村委会和村民共同努力，探索新的发展路径和经济增长点，以应对当前的经济和社会挑战。

四、村级组织和村庄精英

调研地的村民组织化程度并不高，实际上，村庄公共事务主要是由村委会作为村民代理人进行负责和管理的。村庄的精英人物对村庄的发展具有举足轻重的作用，因此这些村庄精英也属于村庄拥有的优势资源。有学者将农村社区的精英

---

① 截至 2021 年 10 月，北方村引进的红亮食品加工厂尚未开始运营。

分为党政精英（包括乡镇干部和村干部）、经济精英（包括私营企业家和集体企业的管理者）和社会精英（如社区内具有较高声望和威望的人）。党政精英通常在村庄中拥有较高的威望和影响力，他们能够参与或主导村庄发展政策的制定和执行，确保政策符合村庄的实际情况和发展要求。同时他们也能够合理调配村庄资源，优化资源配置，提高资源利用效率，从而推动村庄的整体发展。经济精英通常具有较强的经济头脑和市场敏锐度，他们能够引导村庄发展适合当地条件的特色产业，促进产业升级和经济多元化。社会精英通常在村内拥有较高的威信，能够有效调解村民之间的纠纷，维护村庄的和谐稳定。同时他们能够推动村庄公共服务的改善，提高村民的生活质量，还能组织和推动各种文化活动，促进村庄文化的传承和创新，增强村民的文化认同感和凝聚力。就当地而言，村干部和企业家都是一个村庄的党政精英和经济精英，因为大量的水泥企业直接坐落在村庄内部，因而很多情况是村庄里的精英往往同时具有党政和经济双重身份，在领导决策、经济发展、社会事务管理、文化传承、信息传递和危机应对等方面都发挥着关键作用。Y镇水泥企业及其衍生产业的兴起，培养了一大批农村企业家，一个理想情形是在环境治理和绿色转型政策实施的关键时期，精英发挥组织动员和引领的作用，通过他们的影响力和资源调配能力推动村庄发展，带动村民提升生活水平和幸福感。

不同于其他村原水泥企业家出让地皮对外进行招商的情况，东方村的原企业家均没有对外进行招商，而是更具开拓精神地进行二次创业。他们主动积极承担起社会责任，有的企业家在原有的水泥企业厂区内，创办建设了饮品厂、生物肥料厂、医疗器械厂、运输公司等企业；有的企业家投身特色农产品的专业经济合作社建设，聚焦山地苹果、葡萄采摘体验和核桃的种植加工产业；有的企业家则转型发展家庭养殖农场以及地方特色养殖产业。因而转型后的东方村企业仍是本地企业，企业老板也主要是本村人。这些经济精英有的选择稳妥路线，依靠矿石原料基地发展物料运输业；有的企业家积极探索，通过外出考察和学习，开始涉足探索新的劳动密集型产业。此外，东方村支持性的营商环境，也极大地提升了地方企业家的信心，唤醒和释放了他们的企业家精神。如医疗器械厂的经理张大海，他就认为水泥厂的关停反而倒逼他的企业转型到目前的行业领域，即关停反而给企业带来了转机和新的发展。张大海现在的企业投资超过4000万元，其中，关停水泥厂获得政府补偿1050万元，3个股东新增投入3470万元。目前企业拥有50多名员工，除了生产技术工人需外聘，企业的管理岗和辅助的包车、装车、后勤等工作岗仍雇用知根知底的本村人。医疗器械行业的市场效益好，因此企业员工的工资待遇比水泥厂还要高一些，员工工资水平能够达到月收入 2500～15000 元。东方村的村民在面临逆境时，得以依托社区经济精英创办的上述企业渡过难关。村干部向阳指出，由于这些企业位于村庄内部，村民们自然而然地将它们视为"自己的"企业，从而激发了积极参与的热情。在村里，除了年长的老人之外，"只要想干点工作的就没有在家歇着的"成为了一种普遍现象。村民们更倾向于到企业中辛勤工作，而不愿意留在家里"享清闲"。

有学者通过对华北地区（冀鲁豫）村庄的研究发现，华北村庄相对封闭，以地缘关系为主的村内街坊组成的共同体发挥着较大的作用。华北村庄相对封闭的现象是地理环境、历史背景、社会结构、经济活动、文化传统、风俗习惯等多个方面因素共同作用的结果。村庄内部更多依赖家庭和邻里关系维持社会秩序和互助网络，因而村委会也自然而然成为村庄发展的主要推动力量，村委会的信息渠道和组织能力则是村庄社区众多优势资源之一。

笔者看到村干部在绿色转型问题上与企业家和乡镇政府部门做的沟通，以及付出的努力。在利用土地资源引进新企业的问题上，村干部们想尽办法。村委会在对外招商引资时，都会要求引进企业优先雇用本村村民，并将其写入和企业签订的合同书中，村委会也特别愿意引进那些能够雇用较多劳动力的工厂。

随着互联网技术在农村地区的广泛普及，村庄的治理结构和网格化管理模式正在经历从传统线下向线上平台的过渡，其中，"微治理"模式的应用日益增多。在这种模式下，村务管理和信息传递主要通过微信群等社交网络平台进行，这一模式具有高效性、便捷性、低成本和较高的透明度的特征。然而，这种治理方式也对基层干部提出了更高的要求，包括需要他们投入更多的时间和精力进行微信群的管理，以及村干部必须实施有效的监督和管控，以防止不良信息的传播。在这种背景下，部分调研地的村庄按照不同的村民小组将村民划分至不同的微信组群，村委会安排专人负责将村庄治理相关信息推送到各个群组，包括发送村务信息、健康体检通知等。这种村庄的"微治理"模式覆盖到了村里的大多数家庭，信息传递的范围更广，确保了更多村民能够及时接收到相关信息。尽管如此，目前调研村的微信群功能主要局限于向村民单向推送信息，尚未成为村民和村委会进行有效交流的平台，村民的参与度和积极性仍有待提升。村民田国强表示，他的微信中就有 3 个要求加入的群组，但他并不清楚"北方村网格管理群"等微信群之间的具体区别，也从未在群内提问或发言。近两年来，村上的大小事务、重要通知，包括体检通知等信息，通过这些微信群推送，这对于田国强这样早出晚归的村民来说，不仅能够随时查阅和了解村务及村庄发展的相关消息，而且通过对这些可信信息的分析和判断，能够帮助其提升决策能力，从而增强应对外部冲击的能力。

此外，农村青壮年的缺失也进一步造成了社区精英后备力量的匮乏。调研村庄的村委会均表示村庄有青壮年向外流动的问题。村里通过读书深造的年轻人多数在外出上学后就彻底离开了村庄，而不继续读书深造的年轻人也倾向于选择到外面工作，而极少返回村庄居住和生活，村里尚没有大学生回村创业的先例。村民在中观层面与村庄社区展开的互动较为密切。除东方村外，包括南方村、北方村和西方村等社区以集体经济为核心的动员能力，随着时间的推移呈现衰退的趋势。

Y镇的农村如同大多数河北村庄，在城镇化进程中面临着一系列挑战。村民在深陷逆境时，通常不把社区作为主要依靠对象。在这样的背景下，村庄社区由于缺乏其他可动用的资源，集体经济的强弱、村庄精英的引领作用大小、村庄凝聚力的高低直接影响了村民抵抗逆境的能力。东方村村民凭借村庄优势，在较短的时间内就克服逆境，适应了新的发展形势。村干部向阳指出，对于东方村来说，水泥厂的关停主要影响了原水泥厂企业家及股东的权益，而对普通村民的影响主要集中在最初的三个月左右。随后，村民依靠村庄的优势条件，逐渐成功转型，使整个村庄得到恢复发展。相较之下，南方村、北方村和西方村集体经济的近端直接保护作用正在逐渐减弱。

五、村庄保护作用的评述

村庄作为村民生活的社区，承载着居住、工作、社交和各种日常活动等多种功能。尽管村庄可能随着时间推移而经历现代化、工业化或城镇化的影响，但其作为社区的核心价值和基本功能仍然存在。村庄的集体经济、土地资源、公共服务提供、精英领导力、信息渠道、动员与组织能力、凝聚力和号召力等，均为个体及其家庭抵抗逆境提供了有力支持。

研究发现，村庄资源禀赋、区位优势和村委会管理能力的高低，决定了村集体经济的强弱，进而影响了村庄村民的逆境适应能力。例如，东方村凭借其强大的管理能力和经验，通过积极引入外部主体、招商引资和动员村庄能人共同推动原水泥企业转型，为村庄带来新的项目和村民就业机会。总体而言，村民与社区之间呈现出积极的互动关系。在不同村庄中，村干部及村委会在发挥作用方面展现出显著的差异性。一些村庄的村干部及村委会能够为村民提供易于获取且可用的资源和机会，从而增强村民与社区资源之间的契合度，进而提升村民的生活质量和福祉。

第二节　企业

村民把发展的主要希望寄托于原水泥企业的成功转型和村庄引进新的支柱企业。因此就需要重点关注 Y 镇企业的转型和引进的现状、困难和发展机会等，以及由此对受影响群体所产生的作用。处于中观层面的企业亦是受影响群体抗逆力生成和发展的近端保护因子。

一、乡镇企业的演变

乡镇企业指的是在中国乡村地区，由乡、镇、村及其以下集体组织或农民个人投资创办的企业。这些企业广泛存在于农业、工业、建筑业、运输业、商业和服务业等各个领域。乡镇企业通常以集体经济或私人经济的形式存在，并且主要服务于乡村和地方经济的发展。本书所调研的乡镇企业，属于中小企业范畴。乡镇企业源于人民公社时期的社队企业，在人民公社建立之初，中央提出了发展地方工业以及"群众办工业"和"社办工业"的政策，在政策鼓励下，人民公社纷纷建立起各种小型煤窑、电站、水泥厂等。1978 年改革开放实施后，国家实行农村改革政策，逐步放开对农村经济的束缚，允许和鼓励农村发展多种经济形式，乡镇企业开始迅速发展，主要以乡村集体所有制企业为主，逐渐向多元化发展，涉及轻工业、机械制造、建筑材料等领域。20 世纪 80 年代后期至 20 世纪 90 年代中期，乡镇企业的"异军突起"开创了中国农村工业化、城市化的独特道路，实现了"以工补农"，并涌现出大量的集体、家庭和个人企业，增加了农民的收入。1984 年中央"一号文件"明确提出要大力发展乡镇企业，并在政策、资金和技术等方面给予支持，乡镇企业进入一个快速发展的黄金时期，其数量和规模迅速增长，产业结构更加多样化。1987 年乡镇企业总产值第一次超过了农业总产值。1992 年的统计调查显示，乡镇企业 80% 分布在村落原野，7% 分布在行政村所在地，分布在集镇的不足 12%，分布在县城以上的不足 1%。村民"离土不离乡、进厂不进城"，乡镇企业的发展极大地改善了地方农民生活，增加了地区财政收入，同时还促进了当地的村镇建设和经济繁荣。李小云等（2018）指出，20 世纪 80 年代中期以后，以乡镇企业为代表的农村工业的发展，成为继农业增长放缓之后的中国农村发展动力。

就河北地区而言，自20世纪90年代起，乡镇企业大量涌现并直接嵌入村庄与集镇之中，"小规模、大群体"的独特发展模式成为河北农村乡镇企业的主要特征，这在一定区域内催生了专业化生产的聚集效应。随着产业的聚集，除了当地的农民可以依附于这些产业及其衍生产业，就地就近在村庄附近的非农就业外，地方还吸引了大量外来劳动力人口。就以往的经验来看，工业和制造业领域的工作往往是农民离开传统农业的初始步骤。冯雪芹和张静（2013）通过定量实证分析发现，河北省乡镇企业的发展对农民非农就业产生了直接影响，进入乡镇企业就业是扩大农民非农就业的有效途径。20世纪90年代中后期，尽管乡镇企业陆续开始通过改制或拍卖转型为地方民营企业，但农村民营企业与政府之间的联系依然复杂而紧密。乡镇企业的范畴不仅包括乡办、镇办或村办的集体经济，还涵盖了大量的个体、家庭和联营经济。特别是村办企业，由于其建立在自然村落及其成员资格的基础上，其收益和分配与村民的权利和福利密切相关，使本村村民天然享有村办企业的收益并参与利益分配，因此村民对村办企业及其发展尤为重视。周飞舟（2013）提出"乡土性"问题，认为乡土性并不只是乡镇企业所涉及的地理位置、土地和劳动力等物质要素，而是费孝通所提出的"乡土"概念，与"差序格局""私人道德"等概念相联系。乡土性通常指的是一种根植于特定地域、乡村社区的文化、价值观念和生活方式，它是一种具有地方特色和传统习俗的文化现象，反映了当地人民的生活方式、信仰、价值观念、社会习俗等。在Y镇的案例中，研究发现，水泥企业和村民之间的关系远超过了单纯的雇佣关系，企业的发展还带来了村民工作方式、生活习惯、思维模式的改变。这种关系是建立在熟人社会中的人际信任基础之上，体现了乡土性特点，这种基于乡土性的信任关系，对于理解乡镇企业与村民之间的互动具有重要意义。

二、水泥企业转型的困境

村民对目前在村周边零星小工厂工作的状态并不满意，对其持久性也不乐观。他们仍然认为原水泥企业转型成功或者引入新的劳动密集型企业，才是解决村民生计的最终之道。因为水泥厂的工作经历让他们深刻地感受到，企业提供的不仅有经济收入，也有稳定的生活方式、感情联结和人际交往的场所，同时因为乡镇企业根植于村庄的乡土性，使村民之间的邻里交往及社会关系网络得以强化，并在长期的交往中逐渐形成一种信任的互惠关系。水泥厂的共同工作经历促进了村民的交流，以及在此基础上社会关系网络的建立和彼此信任的增进，也促进了他们之间的相互合作和互惠互助，并提高了他们的联系紧密度。田国强说这几年网络越来越便捷，自从使用上智能手机后，只要出门碰见以前在水泥厂干活的工友，大家都会主动建个微信群联系。闲的时候大家在群里相互问好，也会有工友发送一些关于老水泥厂的视频和照片，田国强觉得这些都是工友对以往水泥厂工作的追忆。田国强和曾经的工友通常在微信上联络，偶尔也会在正月过年时找时间见面叙旧。与田国强类似，宋文成也会和曾经在水泥厂的工友在过年时找时间相聚，他觉得大家可以彼此"排解对生活的担忧"。

在田野调查中，村民对于乡镇企业的期望往往是讨论的焦点，他们普遍认为"一个村没有企业还是不行"。村民对于自身经济状况的不满表现在对过去岁月的怀念，尤其是对在水泥厂工作的日子的回忆。他们期望原有的水泥厂企业家能够重新投资建厂，继续带领大家共同工作。因此，在水泥厂关闭的初期，村民频繁地寻求与老板的对话，希望得到关于未来的明确答复。然而，老板对于村民的询问往往难以给出满意的回应。因为随着时间的推移，原水泥厂的转型遇到了如下问题：

第一，老板普遍面临着缺乏"适宜"投资项目的困境。在水泥厂刚被拆除时，他们普遍表达了一种想要有所作为但缺乏明确方向的心态，如"想干点事，但不知道干什么"和"想干，不是不想干，但现在还没有目标"。这些企业家深知"隔行如隔山，创业并不是那么容易的事"，他们在考虑产业转型时面临着巨大的挑战。一位原水泥厂企业家在分析转型问题时就指出，Y镇在水泥产业发展方面具有得天独厚的条件，不仅拥有丰富的水泥原料资源，而且已经形成了较为成熟的地方产业链。此外，为水泥企业提供机器设备的厂商甚至在Y镇设立维修站点，提供上门维修服务，使开办水泥厂成为当地企业家不言而喻的选择，"原来办水泥厂是因为当地有基础"。

这些企业家也在积极寻求转型，但新行业所涉及的技术和资本量需求都远远超过了他们深耕多年的水泥行业。在乡土社会中，人与人之间的关系更多依赖于亲属关系和熟人网络，因此，农民企业家更倾向于信任家族成员或熟悉的人，而对外来的职业经理人则缺乏信任感。同时，培养和建立对职业经理人的信任需要时间和成本，他们可能认为这不值得或难以实现。此外，无论是出于对薪酬、福利待遇的考虑，还是因为不熟悉地方市场、文化和人脉网络，都导致了外来职业经理人不愿到村里企业工作的局面。此外，尽管企业家具备环境保护的意识，但他们尚未达到投资环保企业所需的技术和管理要求。水泥行业的惯性思维和操作模式使他们很难开启全新的行业领域，这一困境进一步加剧了他们在转型过程中的挑战。

第二，转型的不确定性使企业家在面临再创业的决策时表现出极大的谨慎。原 Y 镇中久水泥厂老板黄海的转型尝试在当地企业家心中起到了警示作用。黄海作为率先响应政府号召、拆除水泥厂的企业家，他在水泥厂拆除后的半年内，在地方政府的支持下，开始着手进行企业的转型工作，投身到劳动密集型的食品制造业领域中。黄海在原水泥厂遗址上筹建了中意饮品有限公司，旨在利用当地丰富的核桃资源，生产核桃露蛋白饮品。作为绿色转型的典型企业，Y 镇地方政府大力支持黄海，并在不到两周的时间内顺利为其办理了营业执照和项目备案证，以及包括工商、环保、发改、规划、国土等企业所需的所有相关手续。一年后，投资超 3000 万元、拥有每条生产线年产 5 万吨的核桃蛋白饮料企业正式投入运营，预计全部生产线年产量可达 20 万~30 万吨，年产值可达 2000 万元，利税 100 万元，并提供 200 个就业岗位。黄海的二次创业，即中意饮品有限公司，曾作为传统建材业转型升级的先锋和榜样，被各大新闻媒体广泛报道，并成为当地政府宣传快速转型成功、推动地方经济发展、解决地方剩余劳动力的典型案例。然而，当核桃露产品生产出来后，企业却面临了市场开拓的困难，产品滞销问题严重。最终，中意饮品有限公司的产品生产线不得不从全面运营调整为仅保留一条生产线。

中意饮品有限公司在面临市场销售不佳的困境下，不得不放弃自有品牌，转而向为其他知名大企业提供核桃饮品的代加工服务。最终，黄海将原水泥厂的占地分割出一部分，租给了砖厂。

第三，农村金融市场的发育不充分，企业融资难成为主要的制约因素。企业进行资本投入是其进入新行业的基本门槛，尤其在企业初创阶段，对新产品的开发和市场的开拓亟须资金支持。对于当地拆除的水泥企业而言，仅凭其原有的经营积累资金和有限的政府补偿，远远无法解决新企业发展的资金需求，从而面临资金"瓶颈"问题。这些因素使新企业难以获得足够的资金支持，从而限制了企业的扩大再生产和市场开拓能力。访谈中，北方村的原企业主唐震钢反复强调，转型过程中的一大制约因素是新行业对资金的需求较多。

这一现象揭示了农村金融市场中存在的融资难问题，以及企业在转型过程中所面临的金融支持不足的困境。

第四，企业家精神的衰退。企业家作为企业生存与发展的核心引领者，其精神特质在创建和经营过程中发挥着至关重要的作用，它是影响企业动态能力的关键因素，蕴含着一种理念和文化内涵。企业家的进取性思维决定了企业在探索与开发活动中的投入程度。企业家精神涵盖了创新精神、冒险精神、诚信精神、合作精神和创业精神等多个维度。在企业的转型过程中，企业家精神、决心和毅力等心理因素扮演着至关重要的角色，它们是推动企业和经济发展的重要动力。在四个调研村庄中，除了东方村之外，其余三个村庄的企业家几乎均未进行二次创业的尝试。这些企业家在水泥厂拆除之前未曾考虑过从事其他行业，因而在面对未来发展时显得较为迷茫。

第五，部分企业家在面对逆境时采取了回避或逃离的行为应对策略。回避或逃离是指个体通过主观认知的改变，采取最大限度地远离、躲避或摆脱当前所处情境的一种应对策略。随着水泥厂的关停，出于对个人和家庭利益的保护，包括维护资产、为子女及孙辈提供更优质的教育资源等考虑，以及对未来发展的不可预测性和不确定性的担忧，部分企业家选择了彻底离开村庄。这种离开行为在短期内有助于缓解个体和家庭在逆境中可能出现的焦虑、抑郁等负面情绪，通过迁移至城市居住，企业家能够获得一种置身事外的解脱感。然而，企业家的离去导致农村社区经济精英的进一步流失，乡村因此更加缺乏具有组织能力的人才。

三、村民在其他工厂的工作

尽管昔日兴旺的水泥厂已经不复存在，但农民却仍然渴望在村庄附近找到一份类似于原来水泥厂的工作，即具有稳定的劳动报酬、较低的就业成本和较小的停工风险。随着水泥企业的拆除，周边依赖水泥厂衍生出的企业也相继倒闭，砖厂因此开始受到村民的青睐。砖厂与水泥厂类似，其对年龄有限制但技术要求较低，且对性别没有限制，因此村民能够获得一份相对便捷、长期且稳定的工作，这符合农民"看得见、摸得到的才是重要的"务实心态。他们更倾向于关注那些能够直接带来实际收益和可见成效的事物。农民在经济活动中注重实际收益，如农作物收成、家庭收入和生活改善等，这种心态源于他们需要通过实际生产成果来维持经济稳定。例如，村民宋文成在附近的砖厂找到了工作，这使他能够更好地规划家庭开支，如母亲的药费、儿女读书的学费和日常生活的必需品开销。宋文成在砖厂虽然比水泥厂更忙碌，但由于按件计酬，宋文成往往铆足了劲儿地干，他的日收入可达100多元。学会使用切割机后，他的月收入更是可以达到4000元以上，这种稳定性和可预期性让宋文成感到满意。

宋文成所拥有的这种务实心态在Y镇广大村民中普遍存在。水泥厂关停后，村民杜壮飞、徐剑也迅速进入砖厂工作。由于村庄周边类似砖厂的企业数量稀少，其他如鞋厂、纸箱厂等在规模、收入和就业吸纳能力方面都无法与砖厂相比。综合来看，农民在做决策时更倾向于选择那些能带来直接回报的项目，以确保他们的资源能够最大化地转化为实际收益。这种务实的心态有助于农民在复杂和不确定的环境中更好地生存和发展。

四、期望

企业和工厂作为与社区并列的中观层面近端保护因子，在解决村民生计问题上扮演着重要角色。村民对于引进新的企业抱有极高的期望，期待其能够带来经济上的转变和生活上的改善。以往的企业经济行为深深嵌入当地社会之中，具有显著的"乡土性"特征。渠敬东（2013）指出，企业的经营活动与乡土社会紧密相连，形成了一种"农工混合的乡土经济"，乡镇企业的实践过程成为了时代制度精神的体现。优秀的企业能够平衡经济利益的最大化与社会关系的和谐，尤其是那些根植于本地的企业，它们对村庄具有显著的回馈性，包括提供公共服务设施和资源（如桥梁修建、道路硬化、社区照明、文化活动支持等），以及为村民创造就业机会。纵观过去几十年，Y镇水泥行业的发展深刻地影响了当地村民的耕作模式和生活方式，为农村剩余劳动力提供了就近就地转移就业的机会，这是城镇化过程中非农产业的一种过渡形式。

水泥企业通常位于村庄之中，企业家和员工多为本地人，因此，水泥厂在20多年的本地化发展中与社区和农民建立起了长期的互惠关系。村民通过在水泥行业的工作获得了一种稳定的生活方式：不用离开家，近的不离村、远的不离镇，他们可以通过地方工业和相关服务产业获得持续稳定的生活来源，同时也不失去田园生活；既有稳定收入，同时还能照顾家庭。

被村民寄予希望的水泥企业转型面临诸多挑战，包括企业家深耕水泥行业多年，使其总以经营水泥厂的阅历去审视新的行业，产生了一种行业锁定，很难打破他们原有的思维模式和格局，导致其难以转向其他行业发展。同时，既有的转型失败案例让企业家投资时更加谨小慎微，进一步抑制了企业家的创业创新精神和发展企业的勇气。

综上所述，企业作为村民抵抗逆境的关键近端保护因子，虽然其重要性得到了村民、村庄以及政府层面的广泛认同，但在当地实现转型的过程中，仍面临着资金短缺、市场需求不足、技术人才匮乏等障碍，这些因素限制了企业作为村民抗逆力中观层面的近端保护因素的作用，使其难以充分发挥应有的功能。

第三节　本章小结

　　本章旨在通过分析东方村、西方村、南方村和北方村这四个村庄因水泥厂的关停而发生的变化，试图呈现中观系统中村民、村庄、企业与集体经济佑护、就业机会提供、土地资源利用之间的两两互动过程与机制。研究发现，上述互动过程既存在于层际间（村民和村庄围绕集体经济佑护、村民和原企业主围绕转型与就业），也出现在层级内（村庄和企业围绕土地资源利用）。此外，本章还关注在互动的过程中，优势资源如何发挥对村民的保护作用及其所面临的风险与挑战。

　　村庄的优势资源包括集体经济、土地资源、村级组织提供的公共服务、动员组织能力、治理效能以及社区精英力量等，这些资源连同企业工厂构成了受影响群体的近端资源体系。研究发现，四个调研村庄中，优势资源发挥的作用各不相同，受集体经济收入和管理能力、村庄资源禀赋、土地资源利用率、村委会组织动员和治理效能、社区精英引领力等因素的影响，村民的抗逆过程及其适应结果呈现出差异性。东方村无疑在中观层面上显著增强了受影响群体的抗逆力。得益于东方村较好的村庄资源禀赋和较高的村委会治理效能，以及依托于驻扎在村内的两家水泥企业支持，东方村与村民之间形成了和谐且持续的互动，解决了大部分村民的就业问题。一般而言，社区的工作普及率和稳定性越强，人均收入水平越高，社区经济状况越好。东方村社区精英的强引领力促使原有企业主动求变，适应未来发展的需求，快速实现了就地转型，如运输大队、饮品厂、肥料厂、医疗器械厂、家庭农场、特色种植和养殖业等，进一步为受影响群体提供了就业机会。东方村稳步增加的集体经济收入、高效的土地资源利用、劳动密集型企业的剩余劳动力吸纳、经济精英的引领作用、规范团结的村委领导班子等一系列因素，都为本村村民提供了相应的、有质量的资源和机会，而这些又与受影响群体的需求相匹配，即村庄所形成的资源能够被村民所获得和利用，因而使村民能够从村庄社区受益，并较快地走出逆境，达到适应或良好适应。

　　同时，作为一个村民集体生活的场域，村庄社区在文化传承、休闲娱乐、医疗卫生、信息传播、社会关系网络建构等方面对村民的经济、社会、文化的作用不容忽视。研究认为，村庄和企业共同作为村民近端生活场域中最重要的两个主体，在与村民的交互过程中构建了他们抵抗逆境的近端保护机制（见图5-1）。

这一机制不仅涉及物质资源的提供，还包括了社会服务、文化支持和环境营造等。

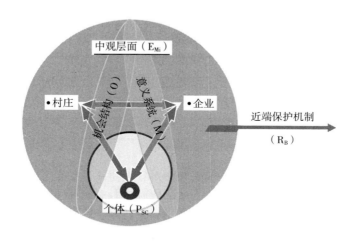

图 5-1　中观层面的抗逆力近端保护机制

此外，四个村庄的村民对于村委会和水泥企业主的转型，或新工厂的引进，均抱有期待，这一现象构建了中观层面的意义系统。村民既期望村干部能够起到领导作用，利用其个人能力和影响力，对村庄进行有效规划和管理，合理调配和高效利用村庄的既有资源，为村民创造更好的发展机会；又寄希望于社区精英，即"自己人"，能够凭借其个人素质、社会资源、经济实力、文化引领等方面的优势，探索新的商业机会，再次创办企业，发挥示范引领作用。

在中观层面的机会结构分析中，东方村的案例表明，村庄层面创造的发展机会（源于村民需求）对村民来说都是可及且可用的。其他村庄理论上也应该遵循相同的逻辑，例如，村庄提供的公共福利机会应面向所有村民，且每个村民确实能够享受到这些机会。然而，由于村庄在优势资源上具有差异性，导致其结果呈现出多样性。西方村、南方村和北方村的村委会和社区精英在主观意愿上均愿意为本村村民创造这样的机会。例如，北方村村委会在引进红亮食品加工企业时，将优先吸纳本村劳动力作为谈判的核心条件，并尝试以村集体名义投资入股参与企业经营。

因此，中观层面的机会结构呈现以下特征：理论上，如果村庄能够产生可及的机会，这些机会就可以被村民"抓住"并利用起来。因此，这种机会既具有可及性也具有可用性。实际上，仅有"强"的村庄才能够实现机会的可及性和可用性。因为尽管这种机会（如果村庄能够提供）对村民来说是可用的，但关键问题是这种机会的提供具有条件限制，从而使得这种机会即便具有可用性，但也缺乏可及性（见表5-1）。

表5-1　中观层面的机会结构

个体	机会结构	
	可及性	可用性
在"强"的村庄	是	是
在"弱"的村庄	否	是

从时间维度上我们可以观察到微观和中观社会生态系统的交互变化对近端保护机制的影响。每个村庄应对逆境的策略随时间推移均呈现调整、改善和变革的趋势，展现出一定的灵活性。以东方村为例，其集体经济收入从最初的全部用来为村民发放福利，逐步调整至近两年要求必须留存部分集体资金，用于发展村集体产业项目。这一规则的调整，一方面旨在持续提高集体资金的使用效益，确保集体资产的保值增值；另一方面旨在为村民提供更多的本地就业机会，保障村庄未来的可持续发展。这种调整不仅能增强村集体经济这一优势资源，更重要的是，它提升了村民对村庄的归属感和凝聚力，强化了村民的共同利益，促进了村民之间的合作与互助，进一步营造了团结和谐的社区氛围。将村集体经济用于发展村集体产业项目，而非直接分配，这不仅能够带来长期的经济收益和社会效益，还能增强集体的凝聚力和发展潜力，提升村民的生活水平和幸福感，进而增强村民对村庄作为可依赖保护因素的认同，增加个体抵抗逆境的信心。

第六章　社会生态抗逆力的宏观外部
支持分析

　　在探讨了个体与微观层面和中观层面的互动之后，可以进入宏观层面，将个体放置在一个更广阔的时空领域来考量。如果没有对宏观层面的思考，绿色转型背景下受影响群体抗逆力研究的意义将是非常有限的。在宏观层面，可以观察到的外部支持因子涉及政府、媒体、社会组织、研究者等，它们通常以较为间接的方式影响着村民的适应与发展。对村民而言，与他人的交互过程主要发生在微观层面和中观层面，即与家庭、亲朋邻里、社区和企业的互动相对最为频繁，微观层面和中观层面分别对他们抗逆力的生成和发展提供了内生动力和近端保护。然而，宏观层面的上述支持因子作为外部资源对个体的抗逆过程也会产生关键影响。

第一节　政府层面的支持因子

一、村民对国家绿色转型和大气治理政策的认同

　　村民对逆境的积极态度与他们内心深处对国家提出的绿色转型和大气治理政策的认同有着密切的联系。研究发现，村民对这一公共政策的认同程度越高、接受性越强，他们对政府的满意程度也越高，并在政策实施过程中表现出更为积极的态度和遵从行为。例如，村民对于上述这些政策实施的回应普遍都集中在"治理污染是好事""绿色转型的方向是对的""必须保持信心"等积极评价上。此外，村民对于空气治理和环境改善后能够过上更美好生活的向往也表现出了普遍的赞同。例如，调研村的村民对此纷纷表示：

"绿色转型是个好事，现在大家都关注身体、养生，外面有的地方真的漂亮，我们这边（环境）绿化确实不行。把个人损失抛开，（治理）确实是好的，我挺支持的。"（2016 年 12 月，南方村村会议室）

"国家算的是大账，（治理后）空气质量确实比以前好了，干净了。政府的举措具有前瞻性。大的方向是让人感到乐观的。"（2016 年 9 月，北方村村会议室）

"治理大气污染，不是为了个人。国家提倡环境保护是为了子孙后代着想……蓝天白云都是向往的，道理我们都理解，要响应国家政策。"（2016 年 9 月，北方村宋文成家）

国家政策认同[①]与个人生活向往之间构建起了强大的意义系统，这一系统不仅提升了受影响群体的信心，也给予了他们希望。在调研中，村民常常提及自己愿意为国家做出牺牲。西方村的王霞表示，水泥厂关停后，空气质量确实与以往相比有了明显的改善。这表明，绿色转型和大气治理政策直接改善了村民的生活环境，减少了空气污染，提高了生活质量。村民健康和生活环境的改善是一种直接且明显的利益。同时，中国传统文化中的集体主义精神也使农民更加重视集体利益和社会责任。集体主义精神强调集体利益优先，这与环境治理和绿色转型政策的目标不谋而合。绿色转型政策不仅关注环境保护，还致力于提升整体社会的可持续发展水平。农民意识到环境的改善有助于提高全体社区成员的生活质量和福祉，因此他们更容易认同和支持绿色转型政策。这种文化价值观与政策目标的契合，进一步强化了村民对绿色转型政策的认同和接受。

周飞舟（2021）在其研究中提出，国家与农民之间的关系可被理解为一种"家国一体"的构造，即"立国为家、化家为国"的理念，在此框架下，国家与农民在"家"的范畴内呈现显著的一致性。在此理念中，家庭作为国家的基石，其稳定与和谐对于构建和谐社会及国家具有根本性的意义；而国家则被视为家庭的延伸和扩展，国家的繁荣昌盛与个体的家庭福祉紧密相连。中国历史悠久的"集人成家，集家成国"观念，即"家国同构"，不仅体现了农民对国家政策的认同与支持，同时也映射出农民在生态环境保护中所扮演的主体角色及其肩负的

---

① 认同是个体内部的、主观构建的自我概念，是个人身份与群体归属感的核心组成部分。政策认同指的是公众对于特定公共政策的内在认同感和归属感，它反映了公众对公共政策的深层次主观感受、评价及态度倾向。政策认同不仅揭示了公众对于政策内容及其背后的价值观念的赞同程度，而且强调了个人对公共政策的评价与其自身价值观之间的一致性。

责任。在 Y 镇的实践中，农民正是基于这种意义系统的统一认识体系，自然而然地将环境治理和绿色转型视为未来整个"大家"的发展方向。他们坚信"小家"应当积极响应，遵从并支持"大家"做出的决策，并在个人利益与社会利益发生冲突时，优先考虑大局，必要时牺牲"小家"的利益。这种对环境治理与绿色转型政策的积极预期和对国家大气治理等政策的高度认同，使农民更倾向于采取主动和积极的行为模式。在这一过程中，他们不仅能够正面应对当前的挑战，更由衷地认同这种牺牲和奉献的价值。

（一）直接路径：政府的保障措施

积极态度是指个体在遭遇困难和挑战之际，能够保持的一种乐观、充满希望且自信的心理状态，在此状态下，个体在缓解压力和克服逆境方面展现出显著的心理优势。调研发现，HL 市和 Y 镇的政府干部在面对由于绿色转型而受影响的企业与群体时，表现出一种积极的态度。这种态度不仅体现了其面对挑战时所持有的正面心理资源，而且对于推动地区社会稳定和谐、促进地区可持续发展都具有积极的意义。

由此可见，政府在维护民生福祉方面承担着不可或缺的基本责任，该责任深植于政府的核心价值之中，既是国家治理的基本理念，也是政府角色定位的关键所在。这一责任体现了公共管理和服务的基本使命，并在 Y 镇政府对企业的引导和促进企业转型过程中得以具体体现。在此背景下，地方政府帮助受影响群体抵抗逆境，主要采取两种干预路径。首先，第一种路径为"政府—农民"直接干预模式，即政府直接面向绿色转型受影响的农民群体，实施"兼顾管理与服务"的策略。该策略包括为农民提供技术支持服务、实施经济激励措施，如各种形式的补偿、补贴、奖励、物资支持、就业培训机会及工作岗位等，旨在提升农民的经济收益和就业能力。其次，第二种路径为"政府—企业—农民"间接干预模式，即政府通过培育和发展具有高就业吸纳能力的企业，或积极引进绿色新兴产业，增强农民抵抗逆境的能力。本节将重点对政府向受影响群体提供的各类直接支持措施进行分析，旨在深入探讨这些支持措施在推动绿色转型、提升农民福祉以及增强农民抗逆力方面的具体作用和成效。

1. 第一类：普惠性补贴

普惠性补贴作为政府推动绿色转型和环境治理的关键政策工具，其核心目的在于通过公平且公正的财政资源配置，确保所有符合资格条件的农民群体能够普遍受益。该补贴机制具有覆盖面广、透明度高和直接性强的特征，即它面向的是广泛的农民群体，不设经济条件限制，凡满足政策规定者均有资格申请；补贴政策及其申请流程公开透明，易于理解和遵循；补贴资金直接发放至农民手中，用于支持其在绿色转型过程中的具体行动。在调研地区，农民可直接获得的与绿色转型相关的普惠性补贴主要包括"煤改气"① 项目补贴（针对农民家中天然气使用设备直补）和家庭用气量费用抵扣。具体而言，政府为实施"煤改气"的农户提供一次性1000元的购置设备补贴，以及每户最高900元的运行补贴，补贴期限为三年。据HL市大气污染防治办公室的工作人员介绍，自2017年HL市启动煤改气推广工作以来，该政策得到了广大民众的赞同，并成为大气治理的重点工作之一。政府的资金支持不仅促进了村民的思维和生活方式的改变，也提升了生活整体质量。此外，政府还以"绿化环保"名义发放农业补贴，包括春季种树奖励金和经济林绿化工程补贴。HL市政府鼓励农民开荒植树，并在高速路两侧种植果树，如核桃树和杨树，每亩每年分别补贴1200元，补贴期限分别为连续四年和七年②。除此之外，还有国家提供的常规性农业补贴，如种粮直补、综合直补、农资综合补贴和良种补贴。这些来自地方和国家的普惠性补贴（无论是否与水泥行业转型相关），尽管补贴的金额有限，但对面临逆境的村民而言具有重大意义。它们不仅为农民提供了及时直接的经济支持，缓解了他们的困境，而且对他们的生产和生活方式产生了积极影响，增强了他们参与绿色转型的积极性和主动性。因此，政府的普惠性补贴成为农民控制和抵御风险的基本保障机制。

2. 第二类：职业培训

农民职业培训旨在提升农民的职业技能和就业能力，涵盖专业知识、生产技能和管理能力等维度，从而助力农民适应经济和社会转型的需求。尽管政府在直接补贴受影响农民方面面临一定难度，但农业部门和地方人力资源和社会保障局负责的就业服务机构已经逐步将受影响群体的技术培训纳入议事日程，并实施了面向农村转移就业劳动力的培训项目。例如，河北省推出的"双创双服"③ 就业培训专项活动。在地方层面，各乡镇均设有劳动就业和社会保障事务所，负责定期对村民进行技能培训。近年来，政府机构亦开始引入竞争机制，尝试通过定向委托的方式，向第三方购买培训服务。最初，政府委托师资力量雄厚的HL市职

---

① 由于各地方政府在财政收入上存在显著的差异，因此在对本地"煤改电"和"煤改气"项目的补贴投入上，也呈现出明显的区域性差异。

② 核桃树经过四年的生长期方可成熟挂果，此时所产果实即可进入市场销售，其产生的经济收益直接归农户所有。因此，基于核桃树的生长周期及其经济效益的产生，补贴的发放期限设定为四年，以对应树种的成熟周期，并在此期间为农户提供必要的支持。

③ "双创双服"概念是指以创新和创业为核心，以服务发展和服务民生为双重目标和战略举措。该策略着重强调通过激发创新活力和鼓励创业精神，推动地区经济发展。同时，通过优化服务供给，提升民众的生活质量，进而实现经济发展与社会民生的协同进步。

教中心负责宣传和组织农村劳动力参加免费培训。培训完成后，参加者若合格并获得相应证书，政府则向培训机构提供资金补贴，补贴额度根据培训专业的不同而有所差异，为1200~2500元。然而，在项目实施初期，培训效果却并未达到预期目标，表现为农民参与度不高、积极性不足等问题，其主要原因如下：

（1）在初始阶段，由于培训机构数量有限，培训服务的提供主要依赖于地方职教中心，导致培训内容和服务模式较为单一。主要培训领域集中在农业生产技术和管理知识，以及手工业、美容美发等技能培训。

（2）培训缺乏系统性规划，这在很大程度上源于转型行业的不确定性，以及对劳动力技能和技术要求快速更新的现实。一般来说，农民的培训规划主要基于职教中心和技工学校现有的师资力量，缺乏相应的竞争激励机制。这可能导致培训内容的重复性以及培训质量的不可控性。

（3）培训技能的供给与农民的职业需求之间存在一定偏差。一方面，乡镇传统的工作以低技术含量的劳力型岗位为主，导致村民形成了只要有体力即可就业的刻板印象。另一方面，培训机构提供的相关技术培训缺乏针对性和实用性。例如，电焊工培训虽然技术含量较高、操作性强，且政府提供的补贴高（每人2500元），但由于电焊等技术工作在城市有更广泛的市场，而在乡镇则市场需求有限，加之当地传统守土观念较强，农民对参与此类培训的积极性不高。

（4）农民自身的原因，如时间、经济压力和文化教育水平等因素，也是影响培训参与度的重要因素。农民需要投入大量时间和精力于农作物种植、家庭事务等，连续性参加培训会占用他们的时间。此外，由于受教育水平有限，农民可能对培训课程感到畏惧或不自信，担心无法跟上培训进度或难以理解培训内容。

在HL市，政府每年春秋两季会举办"春风行动"招聘会活动，该活动旨在统筹地区就业稳定和保障用工需求。关于招聘会的信息地方政府往往通过电视台、人力资源和社会保障事务所及村广播站等多渠道进行宣传，政府部门在招聘会活动前也会主动对接上百家企业提供上万个就业岗位。

此外，信息的不对称也是一个重要因素，部分村民表示对于培训的具体信息了解不足。受教育水平的限制同样构成了参与培训的障碍，一些村民自认为缺乏基础知识和教育背景，即使参与培训也难以掌握所学内容。这些因素综合作用，导致农民对于参与职业培训的热情减退，进而影响了培训的参与度和成效。

HL市政府的人力资源和社会保障部门领导也承认，职业培训在当前阶段尚未充分发挥其预期的效能。然而，从政府后续的工作部署来看，相关部门已开始增加资金投入，并采取有针对性的措施，如通过公开招标的方式尝试采购第三方社会服务，以改善培训效果。

在最近两年中，HL 市人力资源和社会保障局通过购买第三方培训组织的服务，为 Y 镇农民提供了培训机会，此举吸引了部分村民的参与。地方人力资源和社会保障局对承接服务的第三方培训机构设定了严格的资质要求，包括必须具备独立的法人资格、拥有三年以上的办学经验、在服务区域内设有固定的培训实操教学场地，以规避可能的短期投机行为。此外，人力资源和社会保障局对培训机构的师资力量和培训内容等也制定了详尽的标准。培训内容主要涵盖厨师、面点、家政、养老服务、育婴和月嫂等领域。研究发现，参与培训的学员主要为女性。承接 Y 镇培训服务的振华人力资源培训中心（以下简称"中心"），在镇政府附近设立了固定的教学点，中心主要聘请 Y 镇本地人员负责日常的培训咨询服务工作，包括深入 Y 镇各村了解农民的培训需求。据中心负责人杨校长介绍，参加培训的学员主要来自西方村和麻山村，部分来自北方村和南方村。

尽管参训人员的年龄范围规定为 18～60 岁且具有初中文化水平的 Y 镇村民均可报名参加，但实际上参与培训的年轻学员数量极少，参与者以四五十岁的中老年女性为主，其中，家政、保姆和月嫂等培训课程较受学员青睐。

在乡镇层面，月嫂工作也逐渐流行，部分学员通过培训成为专业的月嫂工作人员，而另一些来自经济条件相对较好家庭的老年人则出于照顾新生儿的需求，选择参加培训以学习"先进"的育儿经验，同时节省雇用月嫂的费用。显然，HL 市人力资源和社会保障局采购的第三方培训机构——振华人力资源培训中心，为 Y 镇村民，特别是女性，提供了与其需求匹配的可及且可用资源，这不仅包括技能培训，还涉及社会网络的构建和能力的提升，从而助力他们改善生活状况。

3. 第三类：类公益性岗位

类公益性岗位是地方政府创设的特殊岗位，这些岗位不仅提供就业机会和收入来源，同时也承载着提供社会福利和公共服务的功能，追求经济和社会效益的统一。在 Y 镇，镇政府通过实施村庄卫生清洁行动、人居环境整治、乡村生活垃圾治理以及村容村貌和生活环境的改善，推动了荒山变绿和造林护绿工程，全镇 23 个行政村均建立了环境治理长效机制，确保了村内街道的日常清扫、垃圾的日产日清以及镇域内垃圾的集中收集与转运，从而产生了大量的地方用工需求。

这种由政府出资提供的环境管理、卫生保洁、环境绿化、公用设施的维护等工作岗位，可被视为一种类公益性岗位。作为一种特殊的就业形式，类公益性岗位在促进就业、改善民生、提升公共服务质量、促进社会和谐等方面发挥着重要作用。这类岗位的周期性和灵活性特点，恰好满足了大龄农民的就业需求，成为他们可及且可用的资源。政府直接提供的资源和大龄农民的需求相匹配，有效增强了大龄群体的抗逆力。

（二）间接路径：政府引进企业

在地方政府的工作中，上述直接措施并未被视为核心任务，而引进新兴绿色支柱产业（类似于原水泥产业）才是政府认可的关键策略。此种策略通过引进和扶持高能力的企业，实现以下四个目标：首先，创造更多的就业机会，提供多样化的就业岗位，以解决农民就业问题，实现就业市场的稳定。其次，促进具有先进生产技术和管理经验的企业发展，从而推动地方产业结构的调整与升级，促进经济的健康发展。再次，带动相关产业链的发展，形成产业集群效应，进而推动地方经济的持续增长，为农民提供更多的就业和发展机会。最后，通过就业使农民获得稳定的收入来源，改善生活水平，增强经济社会的稳定性和可持续性。对此，HL 市工业和信息化局的领导表示，水泥厂关停之后，引进新产业或是快速推动原企业转型以拉动就业，是推动地方经济发展和解决问题的有效途径。

与之对应的是，村民对政府通过发展项目来应对困境的路径表示认可，并表现出强烈的期待。研究发现，在水泥厂关停前，政府的工作重心转移到了整个地区的行业调整转型、新项目引进和落地之上。Y 镇政府多年的年度工作报告中，关于引导地方行业转型和通过招商引资拉动经济发展的部分始终占据重要位置和大量篇幅。特别是水泥厂关停之后，基层政府积极推动和鼓励原水泥厂老板进行二次创业。在水泥厂拆除初期，Y 镇政府在水泥磨机协会的协助下，多次组织企业家考察学习，了解浙江、江苏、安徽等省份的新能源汽车制造、预制混凝土构件和新型肥料生产等新兴行业，以及 HL 市周边的各类工业园区和制造基地的各类产业。Y 镇领导表示，组织此类参观学习活动，一方面是为了拓宽老板的创业思路和领域，紧贴市场需求，避免地方同质化发展，寻找新的市场机遇和拓展方向，增强其持续创新能力。另一方面是为了通过考察学习，帮助企业家理解政策，从而对抗逆境。

与此同时，政府积极与高等教育机构、行业协会商会等开展交流合作，通过推介新的项目和产业发展方向，建立产学研一体化的合作关系。对于响应政策号召、拆除水泥厂并投资新项目的企业家，政府出台了一系列关于土地使用、税收优惠等方面的政策支持，如企业在试营业期间免交税费等。特别是对于那些选择高科技、无污染项目的二次创业者，政府还提供了三年贷款贴息的优惠政策。随着水泥厂的拆除工作完成，地方政府一直在探索新的主导产业和转型方向。

为此，HL 市政府发布了《关于市四大班子领导和市直部门结对帮扶水泥企业的通知》，要求 HL 市的 24 名领导干部和 25 个职能部门明确各自帮扶的原水泥企业，并深入企业调研，为有意愿向二次创业的企业家在引进新项目、洽谈合作、融资支持、落实土地、规划审批等方面提供具体帮助。同时，地方政府成立了专门的招商引资团队，致力于帮助企业"找项目、找出路、想办法、跑办手续"。对于电子信息、高端智能制造、绿色制造等新兴产业的深入理解，以及对未来地方产业的前瞻性布局，都对基层政府干部的素质提出了更高的要求，包括预见产业发展的趋势和未来市场需求的能力、科学规划产业布局的战略思维能力、敏锐捕捉市场信息的市场洞察力、评估和应对发展中潜在风险的风险管理能力等。在过去的五年中，Y 镇政府将首要工作放在了"筑巢"上，即为企业提供良好的营商环境，通过完善路网管道等基础设施建设，为"引凤"招商做准备。Y 镇政府领导在 2016~2019 年的多次谈话中提到，只有道路畅通，才能充分利用闲置土地，推动招商引资工作。2021 年，Y 镇新领导在谈及该问题时，也强调了完善基础设施的重要性和紧迫性，认为良好的基础设施是吸引外来投资的关键因素之一。

截至目前，Y 镇已成功关闭了多数中小型水泥厂，仅保留了两家大型国有和集体所有制水泥企业。2019 年，Y 镇政府基本完成了地方经济发展的蓝图规划。进入 2020 年，Y 镇提出了"北部振兴，再造 Y 镇"的口号，积极引导所辖村庄成立各类农业专业经济合作社，旨在发展特色新型产业集群。具体而言，Y 镇的产业发展规划包括：一是依托生态大道，大力推动康养产业和旅游产业的发展；二是以 Y 镇物流产业聚集区为核心，重点发展电子信息、汽车服务和智能装备等绿色产业；三是积极发展休闲农业和绿色种植产业。Y 镇当前面临的首要任务是实施"九通一平"工程，即确保市政道路、雨水、污水、自来水、天然气、电力、电信、热力以及有线电视管线的畅通，并完成土地自然地貌的平整工作。完善的基础设施将有助于提高企业的运营效率，降低生产成本，从而进一步吸引相关企业和供应链上下游企业集聚，推动产业向规模化和集约化方向发展。

二、绿色转型专项补贴

绿色转型专项补贴是政府为促进企业向环境保护和可持续发展方向转型而设立的一种财政激励措施。HL 市政府为激发地方企业进行绿色转型的积极性，提供了无偿的资金支持，这成为推动企业转型升级的重要资源基础。HL 市政府采取"壮士断腕"的决心，迅速推动整个地区中小型水泥产业的集中关停。过程中，政府准备了充足的转型补偿金，以减轻企业在转型过程中所面临的资金压力。

Y 镇的恒昌水泥企业，作为一家国有企业，除了为职工提供工资外，还提供了"五险一金"等配套保险和福利。因此，当恒昌水泥企业的粉磨站被拆除时，企业职工顺利获得了相应的补偿和安置。恒昌水泥企业就粉磨站拆除涉及的 300 多名职工的退职或转岗安置问题，召开了全员职工大会。在会上企业宣布，对于愿意转岗的职工将得到转岗分流的机会，而不愿意转岗的职工则可以办理退职并自主进行创业。对于办理退职的员工，公司在每人补助 1 万元的基础上，根据职工工龄给予相应的工资补偿，总计花费超过 200 万元解决了 60 多名职工的安置问题。

此外，地方政府还专门出台《关于指导化解过剩产能中的国有企业职工安置工作》的文件，旨在解决"去产能"过程中员工的就业安置问题。文件明确指出，企业应充分履行社会责任，将职工安置作为化解过剩产能工作的重中之重。文件提出了内部转岗分流、转岗就业创业、大龄职工内部退养以及提供公益性岗位①托底帮扶等多种解决方案，并强调了政府在职工安置过程中的帮扶作用。具体措施包括：对促进职工转岗安置的职业培训给予补贴；对暂时经营困难的企业，通过协商薪酬、灵活工时等方式稳定现有岗位；等等。在坚持企业主体责任的同时，政府的帮扶作用也得到了强化。

三、政府角色的回顾

本书中，政府主要通过两条路径尝试解决农民的困境：第一条路径是径直地通过提供直接补贴、资源、培训以及类公益性工作岗位等方式对农民进行支持。在这一路径中，政府与村民之间存在直接的互动，村民可以通过与政府部门的对话、沟通和协商，获得个体和家庭发展所需要的资源和机会，同时表达自身的需求和期盼。政府提供的这些支持无疑对农民的生计起到了积极的促进作用。例如，在 Y 镇引入振华人力资源培训中心开展培训服务，一定程度上为当地待业村民提供了匹配的且可及可用的资源，提升了他们的技能水平，增强了他们抵抗逆境的能力。此外，政府主导出资提供的类公益性岗位，如环境管理、卫生保洁、环境绿化、公用设施的修建与维护等，因其周期性和灵活性的特点，精准地匹配了地方大龄农民的需求，成为他们可及且可用的资源，从而增强了大龄群体抵抗

---

① 公益性岗位是由政府创设并提供的一种以服务公共利益为核心目的的就业岗位，其主要功能在于满足社会公共服务需求，提升社会福祉水平。这些岗位通常涉及道路清洁、公园清洁、公共厕所管理等领域，属于对技能要求不高的服务型岗位。

逆境的能力。第二条路径是政府通过引进外部企业或促进本地企业转型，尽快寻找能够替代水泥的主导产业，从而解决农民的困境。

第二节　其他利益相关者

一、媒体

媒体作为信息传递的桥梁，在政府与社会、企业与社会之间发挥着至关重要的作用，能够通过新闻报道和舆论传播缓解信息不对称的问题。在绿色转型和环境治理政策的实施过程中，媒体不仅是政策宣传的关键渠道，还在推动公众参与、监督政策执行以及提升环境意识方面扮演着至关重要的角色。在 Y 镇水泥企业的拆除过程中，媒体的广泛关注和报道发挥了重要作用。媒体的社会渗透力和影响力不容忽视，其在建构政策认同方面的作用尤为显著。媒体能够迅速、广泛地报道环境政策、典型企业、典型村庄、典型事迹和典型村民，引发公众关注，为环境治理和绿转型相关政策的实施奠定民众共识基础。

媒体对受影响群体的关注、正确的舆论引导、良好道德的倡导、社会良好风气和社会主义婚姻家庭观的宣传等，有助于受影响群体感知甚至获得公众的理解、关爱、尊重和关切等主观体验支持，从而提高他们应对逆境的信心和能力。

综上所述，在绿色转型和环境治理政策的实施过程中，媒体发挥着重要的作用。其通过传播信息、引导舆论、监督问责等方式，促进政策的实施和公众的参与。为了更好地服务绿色转型和环境治理政策的实施，媒体需要加强其责任感和公信力，增大对基层的关注和报道深度，提升报道的实际影响力和公正性。

二、社会组织

社会组织通常是指为了追求共同目标而聚集在一起的集体，其作为国家与个人之间的中介团体，具有社会动员、利益集聚和诉求表达等作用。社会组织具有与企业、政府不同的社会功能，具有非营利性、志愿性和自发性等特点，这使它们能够迅速、灵活地动员社会资源，在社会福利、慈善救济、文化体育发展和社区服务等重要领域发挥作用。服务于社区的社会组织通常聚焦于将外部优势资源与社区进行整合与对接，特别是社工组织，它们通过依托基层、反应迅速等优势，运用其专业知识激发社区参与。

在对 Y 镇的田野调查和观察中发现，服务型社区社会组织较少，尤其是村民自发成立的内生型社会组织，地方民间社会力量作用有限。在村庄管理组织关系上，东方村、南方村、北方村和西方村的村庄大小公共事务均由村党支部领导的村委会负责管理和具体实施。2018 年，上述四个村庄开始筹建村股份经济合作社（以下简称"村合作社"），以提高村民在市场中的谈判能力和共同抵御市场风险的能力，发展壮大村集体经济。2019 年，上述各村已初步建立村合作社，并召开了股东代表大会，讨论通过了《合作社章程》，并选举产生村合作社董事会及监事会。后期村庄拟依托村合作社对村庄集体资产进行管理和运营，从而更有效地发挥集体经济组织的效益。

因所拥有的资源禀赋、区位条件、依托发展的产业等不同，各村合作社的发展存在较大差异。东方村依托自身较为丰富的集体经济管理经验和既存水泥企业，制定了村合作社的目标，提出要明晰村合作社的经营服务领域，即结合村周边商业圈，发展与水泥产业相关的业务。该村合作社面临的是如何更有效地激发村民的内生动力，进一步壮大集体经济的问题，即促进集体经济由大变强。而其他三个村庄的村合作社还处于初期起步阶段，相对较弱，目前尚停留在如何发掘和围绕村庄可依托的行业和领域开展运营的时期。村合作社的发展与壮大的关键更多地取决于合作社自身的发展能力。具有较强合作和管理经验的东方村相较于其他几个村而言，规范化程度和实力都使其更易于发展和壮大。村合作社不仅能够增强村集体财产管理，促进农民增收，同时也能激发农民的合作精神和创造力，激活社区活力。村民参与的过程中，能够增强与不同群体，特别是和政府的沟通交流，表达他们的期盼与诉求，更好地维护自身利益。此外，自 2020 年起，入驻 Y 镇的振华人力资源培训中心承接了当地人力资源和社会保障局对农民的培训业务，作为服务于农村社区的第三方社会组织，它们通过提供专业服务和支持，促进农村社区的发展和农民的福祉增加。中心通过培训活动向农民传授技能和知识，帮助他们提升了专业技能和整体能力，部分群体（主要是妇女）从其提供的社会服务中获得了显著益处。

在绿色转型多元交流会中，我们邀请了三家致力于环境保护的社会组织参与。其中一家来自北京，专注于环境议题的交流对话与政策倡导；另外两家是本地机构，分别关注环境污染防治和生态保护。它们参与的意义在于：一是弥补了该议题中利益相关者角色的缺失；二是能够推动不同群体理解环境保护与生计发展之间的平衡。它们在绿色转型多元交流会上就大气治理议题与政府和农民互动，强化了各方对环境保护意义的认同。

三、研究者

研究者不仅是知识的传播者，更是社会进步和变革的催化剂。参与绿色转型交流会的研究者，除了本研究团队的研究人员外，还包括来自河北省高校的学者，他们是对政策与问题领域以及政策过程感兴趣的大学教师。在本书研究目标群体所处的社会生态系统中，研究者扮演着特殊的角色。由于研究者出于学术研究目的与转型中受影响群体保持大量和长期的互动，因此他们能够直接接触受影响群体，进行深度访谈，并对调研地农民进行长期观察。同时研究者主导的基于田野调研而开展的绿色转型多元交流会，推动了政府、媒体、社会组织等多利益相关者的对话，这可以看作一种由研究者开展的干预实践。这种干预不仅推进了研究者对受影响群体所处社会生态环境的观察，也促进了环境内各社会主体系统层际间的互动，具体的观察和实践干预将在下一章中进行讨论与剖析。

另外，研究者通过独立的调研，以文字、图片等形式呈现了村民的真实处境和面貌，并在不同的层面提供了数据信息、资料、见解、理论、建议等，供各利益相关群体了解和参考。研究者还通过参加学术会议、政府政策咨询会议等，将调研的内容和建议进行分享。其中，本研究团队连续三年被中国科学院地理科学与资源研究所的健康、环境与发展论坛（FORHEAD）邀请分享研究工作阶段及进展，探讨环境政策产生的社会影响及相关问题。期间，研究主题除了获得参会学者的支持外，也得到了来自政府内部学术团体的积极回应，还引起了媒体记者的兴趣，随后这些媒体从转型中受影响群体的视角出发，开展了媒体深度报道。作为一个结果，研究者在一个更宏大的层面上为受影响群体战胜逆境发出声音，并让他们得到关注。

然而，研究者的这种作用并不能被高估。他们的作用仅在于对整个社会生态系统进行客观呈现和分析，并为各参与交流会的群体提供对话的机会，从而共同探索解决问题的思路。

第三节　本章小结

在本章中，笔者把个体置于一个更宏大、更为广阔的环境背景之下，主要考察了个体与政府、其他因子（包括研究者、媒体、社会组织等）之间的互动关系（见图6-1）。在这个宏观环境中，考察了通过彼此互动所呈现出来的意义系统，以及该系统又如何反过来影响这种互动。通过分析互动关系与意义系统，探究了宏观层面的机会结构是如何产生并被影响的。

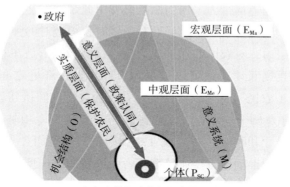

（a）个体与政府间的直接互动

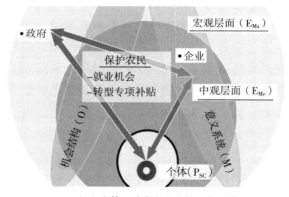

（b）个体、政府和企业的三方互动

图 6-1　个体与政府及其他因子之间的互动

个体与宏观环境之间的互动是一个复杂且动态的过程，涉及多层次、多维度的相互影响和作用。这种互动不仅包括个体影响宏观环境，也包括宏观环境塑造和影响个体的行为、态度和生活方式。在宏观层面，个体与政府之间的互动关系尤为值得关注，因为政府政策和制度对个体行为有着显著的影响。这种互动可以分为直接和间接两种形式。个体与政府间的直接互动关系（见图 6-1（a））包含两个层面，在意义层面，村民对绿色转型和大气治理政策的认同。这种认同也被视为一种个体与国家之间的互动，即国家通过媒体宣传、政策宣讲与倡导、教育培训等多种途径，传达绿色发展的目的、意义及必要性。这种全方位、多角度、深层次的政策宣传有助于农民全面深入了解绿色发展相关公共政策信息，强化了他们的政策认知，并在一定程度上消除了他们对政策可能的误解。因此，农民认可并接受了环境规制和绿色转型理念，转化为他们对上述政策的支持态度和积极配合政策实施的遵从行为。他们愿意忍受由此带来的逆境，表现出极强的承受力，即对政策认同的信念赋予他们面对逆境时积极应对的强大动力。

在实质措施层面，对农民的保护成为核心议题。无论是在意义层面还是实质措施层面，这种直接互动关系可以被视为个体与宏观环境之间的简单层际间互动。而围绕"保护农民"这一议题，还存在更为关键的间接互动关系（如图6-1（b）所示），它涉及两个主题："就业提供"与"转型专项补贴"，并涵盖三个方面——农民、企业和政府。在"就业提供"这一主题上，政府和农民双方形成了强烈的共识，即推动地方企业转型或者引进新的支柱型企业是解决农民就业问题、恢复Y镇昔日繁荣的最优途径。

在宏观层面，除了政府这一核心因子外，媒体、社会组织和研究者等因子在推动绿色转型和环境治理政策实施中也扮演着重要角色，并与农民产生互动。媒体在传播政策、提高公众参与方面具有不可替代的作用，通过宣传、监督、教育和引导，有效推动政策的落实。对受影响农民的采访和深入了解，不仅能够反馈民意、增强公众意识，还能促进农民参与以及推动绿色转型，助力政策的顺利实施。社会组织在农村社区的力量虽然相对薄弱，但一些新兴的培训机构通过提供服务，仍然能够在改善农村社区生活质量方面发挥作用。这些组织通过提供培训、技术支持等服务，帮助农民提升技能，增强其应对转型挑战的能力。研究者与受访个体在调研过程中建立起长期、深入的关系，通过构建多元交流平台，促进了多利益相关者之间（层级内）以及他们与农民（层际间）的互动。这种互动过程有助于更好地理解农民的需求和期望，为政策制定和实施提供针对性的建议。

在意义系统的呈现上，社会文化背景塑造了个体的价值观、信念和行为模式。文化传统、社会规范和主流价值观对个体的生活方式和选择有深远影响。宏观层面呈现了以下四个重要的意义系统：

（1）个体的"身家一体、家国同构"价值观。这个价值观在两个层面上影响了转型中受影响群体。首先，基于对国家的大气治理和绿色转型政策高度认同，个体能够积极响应、听从和支持国家的号召。在"家—国"互动过程中，遇到困难时，个体倾向于不给"大家"添麻烦，而是先靠自己。"小家"从属于"大家"，体现了个人或家庭在面对更大范围的利益或更高层次的目标时所表现出的一种无私奉献精神和社会责任感。其次，"家国一体"也强调国家的责任和义务，"大家"有责任保护"小家"免受外部威胁和破坏，以维持社会的整体稳定。从国家法律体系来看，政府和社会组织有保护公民的责任和义务，"小家"寻求"大家"的保护也是法律赋予公民的权利。绿色转型受影响群体同样相信当自己的"小家"遭遇困难与危机时，政府会承担照顾责任，这是一种对政府的信任和期望。因此，遇见困难时，他们会对国家有所期待，即政府会主动站出来为他们纾困解难，包括在紧急情况下提供紧急援助、各种社会福利支持和公共服务。而当碰见自己无法解决的困难时，寻求政府帮助也有天然的合理性，即"大家"有责任保护"小家"，"小家"也有权利寻求这种保护。

（2）与对"家国一体"价值观的坚定信仰形成鲜明对比的是，农民在面临困境时往往不倾向于主动寻求政府的帮助。这种倾向可归因为多个因素的交织作用，包括习惯因素（个体更倾向于选择身边的亲属和朋友）、自力更生的传统文化观念、信息不对称、社会关系和心理因素等。这些因素共同导致农民在遇到困难时较少主动求助于政府。他们更愿意忍受当前的不利状况，展现出强烈的承受能力和自我控制力，并且更习惯于依赖亲属网络来获取资源和寻求帮助。

（3）对受影响群体的"农民"身份，存在着一种普遍的社会认同。这种认同既源于官方的界定，也得到群体自身的内化。在政府提供补偿的背景下，城乡二元结构中"农民"身份认同给处于转型期中的受影响群体带来了一定程度的不利后果。这种普遍的社会认同强化了农民的群体特征和身份认同，限制了农民的机会和权益。同时，群体自身的内化也加剧了这种不利后果。

（4）在"乡土性"传统的影响下，面子观念、人际关系和社会网络等因素共同塑造了农民的社会行为模式。这种文化传统强调个体在社会关系网络中的地位和角色，以及维护群体和谐的必要性。

机会结构的塑造是一个复杂的过程，涉及社会制度、组织结构、文化传统和社会网络等多个方面因素。上述互动关系、意义系统以及二者之间的交互作用，共同塑造了宏观层面的机会结构（见图6-2）。在另一端，政府采取的一些直接措施为逆境中群体提供了一定的保障：普惠性补贴和类公益性岗位对农民来说是一种既可及又可用的机会；而职业培训由于与多数农民的需求存在一定偏差等原因，尽管对农民而言，培训机会可及，但他们却并不会充分利用。政府致力于通过引进新企业和促进原企业转型来向农民提供就业机会，这也是农民热切期待的。由研究者促成的绿色转型多元交流会让受影响农民的经历被更多人看到和听到，促进了社会组织和媒体去理解并为改善他们的境遇去努力。这种努力有助于受影响群体抗逆力的生成与发展。

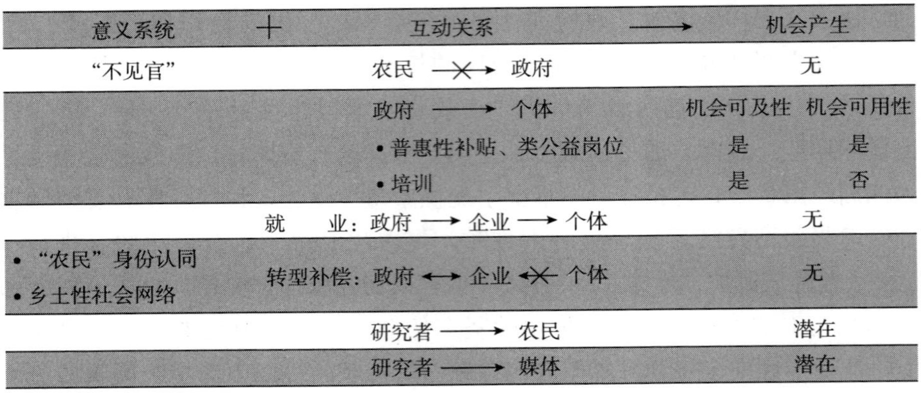

意义系统	＋	互动关系	⟶	机会产生	
"不见官"		农民 ⟶✕ 政府		无	
		政府 ⟶ 个体		机会可及性	机会可用性
		• 普惠性补贴、类公益岗位		是	是
		• 培训		是	否
		就 业: 政府 ⟶ 企业 ⟶ 个体		无	
• "农民"身份认同		转型补偿: 政府 ⟷ 企业 ⟷✕ 个体		无	
• 乡土性社会网络		研究者 ⟶ 农民		潜在	
		研究者 ⟶ 媒体		潜在	

图6-2　宏观层面上意义系统与互动关系对机会结构的影响

　　除了村民的个体特质之外，宏观层面的意义系统和机会结构也发挥了重要作用。村民对环境治理和绿色转型政策的认同在整个逆境时期内都在持续发挥作用，使个体对逆境的忍耐性得以长期维持。此外，政府提供的普惠性政策也能对他们起到一定的长期保护作用，尤其是逐渐完善的职业培训、类公益性岗位的提供。

　　宏观层面的抗逆力外部支持机制。在宏观层面，尽管个体与该层面的因子互动减弱，但宏观环境却提供了至关重要的外部支持。对于个体而言，宏观环境构成了一个时间和空间距离均扩大的系统。相较于个体在微观层面与家庭、亲朋邻里的互动，以及在中观层面与村庄、企业的互动，其强度与紧密度在宏观层面明显减弱。然而，宏观层面提供的保护作用，一方面源自强大的意义系统，如"对转型政策的高度认同"以及"家国一体"的价值观，这些因素极大地强化了个体的信心；另一方面则来自于机会结构，即政府提供的普惠措施、就业机会和实质性支持。宏观层面的研究者、媒体和社会组织亦会通过政策倡导和舆论关注的方式支持受影响群体。我们可以借助物理学中的概念来理解这种关系，即虽然个体与宏观层面因子间的相互作用"力"减弱了，但宏观层面作为一个"场"对个体的诱导和支持作用却更加显著。宏观层面的抗逆力外部支持机制如图6-3所示。

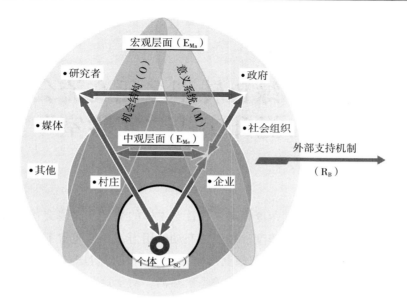

图6-3 宏观层面的抗逆力外部支持机制

　　宏观系统中的个体特质。在强调宏观系统作为一个场域的至关重要支持作用时，我们也必须认识到一个重要的事实：当个体进入宏观层面时，他们的个体特质（如显性和隐性优势资源）在整个系统的运行和发展的影响中相对较小或不显著。

第七章 绿色转型多元交流会：
抗逆力提升实践"实验室"

本书从一个相对宏观的角度来考量各社会主体的交互。这些交互通常具有较远的作用距离、较长的时间跨度、较弱的互动作用力，并且通常不在一个层面展开。在田野调研中，本书分别观察受影响群体与村庄、村庄与企业、村民与企业、企业与地方政府之间的两两互动关系。然而，对于这些社会主体在社会系统中聚集在一起的多重互动，特别是微观层面和宏观层面的因子间的交互，本书未能进行直接观察和深入了解。田野调研所发现的多因素互动呈现出破碎、不连续、社会主体角色（包括社会组织、媒体等）缺位等特点。因此，本书借鉴转型实验室方法，设计构建了一个"实验室"环境—绿色转型多元交流会，以尝试通过交流会系统性、全面性地去观察、了解转型中受影响群体和其他社会主体系统层际间的相互影响和互动，并识别在互动过程中促进抗逆力生成的社会生态环境（即社会生态特质）。转型实验室是一个跨学科参与的实验过程，即在"实验室"空间环境下，通过各种创造性方式，包括研究报告、分析工具、活动等，调动多利益相关群体的互动和跨界合作，从而探索解决复杂棘手社会问题。

结合前文分析，本章将首先观察"实验室"环境下的各层面影响因素的交互，即观察在过程中发生了哪些"实验室内"的"碰撞"。其次探索提升村民抗逆力的具体实践，即进一步深入研究可采取的解决问题的行动等。田野研究发现，个体与其所置身的社会生态系统的交互决定了抗逆力的发展，村民抗逆力的提升需要从现状出发，从微观层面的内在动力、中观层面的近端保护和宏观层面的外部支持三个方面进行建构和合理推进，即基于微观的个体及其所置身的社会生态环境中的保护因素进行干预和塑造。在诸多影响因素中，机会结构和意义系统两大关键支柱发挥着重要作用。通过增强两者的作用是否可以改善受影响群体所处社会生态环境，从而促进他们抗逆力的提升？为回应该问题，交流会并未将实践干预视角锁定于个体自身，而是将问题放置于个体所处的社会、文化背景中来理解和解释，即本书的观察和实践干预更专注于中观层面和宏观层面的外部资源如何发挥保护和支持作用从而促使个体成功抗逆。从理论上来说，只要有足够的保护性资源进入受影响群体所置身的情境，就能够减弱逆境所产生的消极影响，有效促进该群体的积极适应。

第一节　绿色转型多元交流会的目标和过程

就本书而言，绿色转型多元交流会的主要目的在于对村民抗逆力提升进行观察和干预实践，为研究者提供一个可近距离、高频度和高强度观察的可控情境，处于微观、中观和宏观层面的不同社会主体，在不受外界不可控因素影响的实验室内，就所针对的问题在真实情境下开展互动，在过程中可以识别出对村民抗逆过程起关键作用的因素。本研究团队在 HL 市组织召开了两次绿色转型多元交流会（以下简称"交流会"），转型实验室方法的使用步骤见图 3-2。交流会的参与者主要包括：微观层面——田野研究追踪的受影响个体或其家庭成员；中观层面——曾访谈过的调研村村委干部、水泥企业经理；宏观层面——Y 镇政府工作人员、HL 市政府工作人员、河北地方高校研究人员、对地方环境治理和绿色转型议题感兴趣的社会组织和新闻媒体人员。两次交流会参与人员的具体信息见表3-3 和表 3-4，他们的共同参与实现了一个距离上的融合。

2016 年 10 月召开的第一次交流会，旨在探讨多利益相关者如何从各自的出发点来看环境治理和绿色转型政策实施中碰到的问题，以及就该问题如何达成共识。具体的目标包括：①促进微观、中观和宏观层面的多利益相关方的有效沟通。②关注微观层面的受影响个体，倾听他们的声音和诉求。③识别在绿色转型地方政策执行过程中存在的问题和不足。④建立共识，即从环境治理和绿色转型政策实施的背景和地方实践的讨论出发，共同识别政策实施带来的变化，通过田野数据的呈现、参与式模拟（Participatory Simulation）①、角色扮演（Role Play）、故事讲述（Story Telling）和小组讨论等活动和方式，倾听多利益相关者，特别是村民个体的声音。多利益相关者就环境治理和绿色转型议题进行详细讨论，特

---

① 参与式模拟是一种高度互动性的模拟实践方法，其在教育、培训、研究领域以及政策制定过程中得到了广泛的应用。该方法通过引导参与者扮演特定角色并在模拟环境中进行互动，旨在增进参与者对复杂系统和过程的经验性理解。参与式模拟作为一种体式学习工具，能够促进个体对概念和理论的深入把握，以及实际操作技能的提升。

别是对村民的困境及其应对方式做深入了解。各社会主体如何理解环境治理和绿色转型及相关政策？环境治理和绿色转型政策在不同地区的实践有哪些，是否有可借鉴的经验？环境治理和绿色转型给不同群体可能带来的机遇和挑战是什么？绿色转型过程中不同利益相关者的关注点有哪些？HL 市 Y 镇本地的环境治理和绿色转型政策实施的背景、过程和影响是怎样的？

2018 年 4 月举行第二次交流会，在保留了部分首次交流会参与者的基础上，引入了一些新的参与者，包括 HL 市大气污染防治办公室的工作人员以及转型中受影响群体中的女性村民。此次交流会的具体目标包括：①促进微观、中观和宏观层面的多利益相关方的有效沟通和交流。②关注微观层面村民个体的家庭，特别是倾听女性受影响群体的声音和诉求。③识别中观层面和宏观层面提供的机会资源。④建立共识，即从主要关注微观层面中个体及其家庭如何应对逆境，到共同探究村民置身的社会生态系统如何为其提供匹配的机会资源（中观层面和宏观层面的外部资源是否以及如何为受影响群体的抗逆过程提供保护和支持），再到探究意义系统在不同层面所发挥的作用。第二次交流会的内容分为三个部分，包括：①对环境治理和绿色转型中地方女性村民的三重角色进行分析①。②探讨环境治理和绿色转型与"我"（个体）以及"我"家庭之间的关系。③分析环境治理和绿色转型与各社会主体之间的联系。三个部分主要采用社会性别分析工具和参与式方法，包括 24 小时性别活动图②、家庭资源分配分析③、情景规划（Scenario Planning）④、艺术走廊（Gallery Walk）、小组讨论等。

在两次交流会中，均根据会议设计的主题活动，将参会者划分为不同的小组开展分组讨论，采用了多样化的分组形式。例如，在讨论"环境治理和绿色转型

---

① 分析女性在社会结构中所承担的多重身份的一种理论框架，该框架将女性的角色划分为社会、家庭和个人三个层面，具体包括生产角色、再生产角色以及社区角色。生产角色涉及女性在劳动力市场中的参与和贡献；再生产角色关注女性在家庭内部的角色，如抚养子女和家务劳动；社区角色则强调女性在社区发展和社交网络中的地位和作用。

② 24 小时性别活动图作为一种可视化研究工具和方法，用于记录并展示家庭内部不同性别个体在 24 小时内所从事活动的时空分布。该工具通过图形化的方式揭示男性和女性在日常生活中的时间分配、活动类型及空间利用等方面的差异性，为性别角色和家庭内部分工的研究提供了直观的视角。

③ 家庭资源分配分析是一种研究方法，其核心在于探究和记录家庭内成员在日常生活中的资源分配和利用模式。该分析涉及时间分配、劳动力分工、金钱和经济资源的分配，以及决策权和权力结构等多个维度，为理解家庭内部的资源配置机制提供了理论框架。

④ 情景规划是一种前瞻性的战略规划方法，旨在预测并准备应对未来可能出现的多种情景。通过构建一系列可能的未来情景，情景规划帮助深入理解并应对不确定性和变化，从而增强决策的韧性和适应性。这种方法通过模拟不同未来状态下的挑战和机遇，为组织制定策略提供了科学的依据，以促进其在动态环境中的持续发展。

与我的生活/我的工作"这一主题时，参与者被分为四个小组，分别代表村民组、村庄和企业组、政府组以及社会组织与其他类别，以便进行深入讨论和分析。而在针对"田野数据呈现的转型中受影响个体的故事"进行小组分享和讨论时，则是按照缩小版社会生态系统进行划分，即每个小组均由来自微观、中观和宏观层面的参与者构成，这样的划分旨在促进不同主体间的交流与理解。

第二节　"实验室内"的互动

从田野调查的观察和发现中可以看出，在宏大且边界不清晰的真实社会情境中，对各社会主体之间多方互动过程的观察较为困难。因此，本书通过开展交流会的方式，将整个社会生态系统浓缩到一个类似"实验室"的环境。在这个环境中，社会各主体之间展开真实的互动，特别是村民个体与周围环境中其他社会主体进行有机互动，这为研究者提供了一个直观考察各社会主体行为逻辑的机会。这种互动情境的构建，有助于揭示社会主体间的复杂关系和作用机制，从而深化对真实社会过程的理解。

一、地方政府工作人员和个体的互动

地方政府与农民个体之间展开的互动是促进农村发展和改善农民生活的重要途径。在交流会伊始，各利益相关者即表达了对交流会的期望。特别是村民个体，他们纷纷阐述了自己参与交流会的原因，以及与其他不同利益相关者进行交流的期待。几位参会村民表示，他们来参与交流会，是出于对农民群体利益的关注，并期待进一步了解政府的相关政策措施，以便更好地享受政策带来的利益。部分参会者表示：

> "希望在交流会得到转型的信息。"（常勇）
> "转型是很重要的工作，希望了解长期的转型政策方向和支持方向，了解哪种发展方向是适合的。"（张大海）
> "一直关注环境转型和政策影响，希望了解当地在政策背景下实际发生了哪些变化以及有哪些值得学习的经验和教训。"（相关机构）

上述参与者的期望表达了不同利益群体的关注点，反映了处于逆境中的村民对于被理解、倾听和关注的渴望。当各社会主体被置于同一空间进行面对面接触时，最初参与者普遍表现出一定的无所适从。因此，有必要开展一些"破冰"活动，以促进参与者之间的相互了解和沟通。这些活动旨在帮助参与者打破陌生感、快速增进相互了解、减少尴尬，同时建立联系、增强团队合作和沟通能力，从而有助于活动的深入。这种互动模式对于理解不同利益群体的需求、促进共识形成以及推动农村社会经济的发展具有积极意义。"菲律宾村庄"参与式模拟成为了第一次交流会上的"破冰"游戏，具体的活动内容和过程如表7-1所示。

表7-1　角色扮演游戏

情境设定背景：有一个村落，其地理位置特色鲜明，拥有一所小学和一条流经的河流，但缺乏卫生站等公共服务设施。由于缺乏灌溉水源，村民的农业活动受到季节性限制，只能在雨季时种植一季水稻。然而，居住在临近河流的巴洛斯村民享有一定的地理优势，他们能够一年生产两季水稻，并拥有一些梯田，用以种植蔬菜，既满足家庭消费，也能通过出售获取现金收入。与其他以粮食种植的村庄相似，该村的农业生产活动主要由男性负责土地的翻耕。在种植和收割过程中，女性与男性共同参与，形成了协作的劳动模式。在男性施肥的同时，女性（或儿童）承担除草或赶走侵害庄家的鸟类的责任。女性通常在坡地上种植木薯等农产品，这些产品主要供家庭食用、养殖或者销售。此外，男性也会从事建筑工或其他临时工种，前往离家30千米以外的非正规劳务市场打工。在该村，部分家庭主要通过在坡地上种植木薯或其他作物，或出卖劳动力以维持生计，如为有土地或财富的人工作以获取报酬。该村的大多数村民集中居住在山下的学校周围，而一些散户则分布在较远的山上。以下是对该村庄中12位村民的基本情况介绍，涵盖性别、年龄、居住位置、健康状况、子女状况、土地及财产、耕种的农作物等多个方面的个体差异。

序号	性别	土地状况	种植情况	现金资源	文化程度	住房位置	其他特征
1	男性	无/田间出卖劳力	无	劳动力	文盲	低地	
2	女性	耕地/坡地	一季水稻/薯类	无	能读能写	高地	寡妇；有一个10岁的儿子
3	男性	低地	两季水稻/蔬菜	水稻与蔬菜	能读能写	低地	
4	男性	低地	两季水稻/蔬菜	水稻与蔬菜	文盲	低地	有2个未成年的儿子
5	女性	仅坡地	薯类	劳动力	文盲	高地	有3个读书的孩子，丈夫在田间出卖劳力
6	男性	耕地	一季水稻/蔬菜	蔬菜	能读能写	高地	常常生病
7	男性	耕地	一季水稻	无	文盲	高地	
8	女性	耕地（丈夫帮耕）	两季水稻	水稻	文盲	高地	有2个年纪较小的小孩
9	女性	耕地/坡地	一季水稻/蔬菜薯类	蔬菜	文盲	高地	
10	男性	低地	一季水稻	无	能读能写	高地	
11	女性	无/田间出卖劳力	无	劳动力	能读能写	高地	
12	女性	耕地/坡地	两季水稻	无	文盲	高地	

续表

游戏规则：在本次模拟活动中，我们选择了 12 名参与者来扮演不同村民角色。每位参与者根据分配的角色信息，首先深入研究角色的特点，并在胸前贴上含有身份编号和信息标签的卡片，以便其他参与者能够识别他们所扮演的人物角色。活动开始时，12 名参与者站在同一起跑线上。主持人依次宣读来自政府、企业或社会组织拟在该村实施的 8 个项目或活动。根据所扮演角色的特点，每位参与者需判断其角色是否能从项目实施中获益，并据此做出相应的行动回应。如果参与者认为其角色能够从项目或活动中获益，则向前迈进一步；如果不能获益，则保持原地不动；如果认为项目实施会使角色境况恶化，则向后退一步。主持人每宣读一个项目或活动，参与者即根据角色定位做出判断并采取相应行动，直至 8 个项目或活动全部宣读完毕。随后，参与者代表个人身份编号和信息的标签卡放置在地面上，并离开模拟区域。此外，其他参与者作为观察员，对扮演村民的参与者的行为进行细致的观察和记录

项目或活动：
（1）农业推广专家抵达社区，旨在向村民传授能够提升水稻产量的新技术。为了确保技术的有效传播，专家要求参与的村民具备基本的读写能力，这样农业推广专家能够高效地教授相关技术
（2）专业的农技人员访问社区，向村民推广水稻收割后可以种植的新农作物，旨在帮助农民拓宽收入来源，增加经济收益
（3）银行机构进驻社区，为有生产投资需求的村民提供贷款服务。贷款资格之一是村民必须具备偿还贷款的能力，例如，拥有稳定的现金收入来源
（4）政府推行的卫生项目延伸至社区，主要内容包括资助村民家庭修建卫生厕所，其中，50%的建设成本由政府承担，剩余部分则需村民自行筹集
（5）政府计划在高地地区实施灌溉项目建设，以解决干旱季节水源不足的问题，确保水资源能够有效到达高地地区
（6）农技推广人员安排了每天的田间培训技术，时间为上午 10~12 点，以提供持续的技术支持和教育
（7）政府实施城市改造计划，规定拆除现有的非正规劳动力市场，并将新建的劳动力市场选址于距离大城市更近的位置，大约离巴洛斯村 225 千米处
（8）某企业计划在距离村子 80 千米处新建一个木薯加工厂，该厂将招聘工作人员（不限性别），要求应聘者具备基本的识字能力，并且能够适应工厂住宿生活（每周休息一天）

　　在 8 个项目实施完毕后，所有参与者均观察到，原本齐整地站立在一条直线上的村民之间已经出现了显著的位移动态。针对这一现象，我们将参与者随机分为四个小组，以开展以下问题的深入讨论：①对比分析游戏中村民在 8 个项目或活动实施后的位置变化，明确"落后"与"领先"村民的特征，并分别列举。②探究村民领先与落后的深层原因。③反思该游戏活动对于我们所从事的工作和生活可能带来的启示。各小组将讨论的成果详细记录于大白纸上，并指派一名组员在大组讨论中负责陈述汇报，以共享各组的分析与见解。

　　通过菲律宾村庄游戏，不仅有效地实现了"破冰"，消除了参与者初次见面时的陌生感和紧张情绪，而且通过轻松愉快的角色扮演激发了参与者的兴趣和热情，进而活跃了讨论气氛并促进了团队凝聚力的提升。在此过程中，参与者通过对"他者"身份的讨论，充分展现了真实且自由的意见表达。他们将自己置于一个面临发展机遇与挑战的替代性身份中，与周围那些面临相同挑战但资源禀赋

各异的个体进行互动和比较。政策实施应当充分理解不同群体的具体困境，并充分考虑他们的利益诉求。在资源配置过程中，应依赖于政策组合来实施普惠性政策，以助力个体实现成长和发展。

此外，本书通过对田野调研访谈记录的详细整理，呈现了因水泥厂关停而遭受影响的四位村民的真实经历①。这些村民分别代表了餐馆老板、水泥厂老板、水泥厂工作的村民以及依赖水泥运输为生的个体。在第一次交流会中，参与者被按照缩小版社会生态系统划分为四个小组，每个小组基于一位村民的故事进行深入讨论。讨论内容涵盖以下方面：①辨识故事的主人公。探讨故事中的他/她所面临的问题。②讨论参与者是否曾听闻类似的故事，以及这些故事的来源渠道，即在哪里和从何种渠道听闻的。③在小组内分享个人或周围人的相关故事。讨论结束以后，每个小组指派一名组员在大组中朗读该组讨论的村民故事，并轮流分享小组的讨论成果。活动开展之前，"实验室内"各社会主体之间的交流较为拘谨，参与者倾向于与自己所属的群体成员进行交流，而跨群体间的互动和眼神接触则相对较少。尽管与会者对绿色转型、可持续发展等相关议题表现出浓厚的兴趣，但似乎也都很疑惑参与者彼此之间如何产生联结。然而，随着真实田野故事的呈现，参与者迅速被带入故事情境。在针对田野故事进行的小组讨论中，除了对所提供的田野故事进行分析外，村民还分享了自己或身边朋友的真实经历。值得注意的是，他们倾向于避免直接讨论自己的逆境和故事，而更多的是选择分享身边他人的逆境经历，以最大限度地保护自我。基于对身边朋友逆境经历的分享，与会者的参与度显著提升，村民也在这一过程中受到鼓舞，开始逐步共同探讨如何应对他们所面临的困境。

在讨论的过程中，我们观察到村民对于自己所居住村庄及 Y 镇的整体发展规划表现出了极高的关注。发展规划通常预示着教育、医疗、文化等社会服务设施的改善，以及可能带来新的产业和商业机会，因此与村民的切身利益密切相关。此类规划通常由地方政府根据国家宏观政策和地区发展战略进行主导和制定，这在一定程度上揭示了村民对于政府采取应对行动的期待。在"实验室内"的互动过程中，村民和政府工作人员之间的交流显得尤为积极，打破了以往村民被动等待的常态②。他们开始主动向参会的 Y 镇地方政府工作人员询问关于地区发展规划的详细信息。

---

① 来自于田野调研中的匿名个体访谈，研究团队特意排除了那些参与交流会个体的故事。

② 在田野调查的过程中，一个显著的现象是村民在面临问题和困难时，极少表现出主动询问或向政府寻求帮助的行为。

在会议中，参会村民向 Y 镇地方政府工作人员积极提问和咨询，这一行为转变揭示了村民对于参与地区发展规划决策过程以及获取可能影响自己生活的政策信息的迫切需求。此外，村民也通过此平台向政府部门表达了自身的诉求和想法。此过程中，Y 镇及 HL 市地方政府工作人员对村民需求的及时回应得到了促进。在交流会上，政府工作人员以真诚和耐心的态度向村民提供解释和回复，排解了村民的顾虑和担忧。地方政府工作人员与村民之间的互动不仅提高了"实验室内"其他利益相关者群体的参与性，而且揭示了为转型中受影响群体提供交流机会的重要性，这种交流有助于促进社会生态系统层际间的互动。最终的讨论演变为系统内各社会主体对未来 HL 市环境治理和绿色转型政策实施的综合分析与反思。河北某地方高校的研究人员提出，政府在制定政策时应当考虑多元群体的需求，采取更加全面和系统的视角，特别要关注政策如何平衡各方利益，确保普遍受益。某机构的干事补充了关于绿色转型相关政策带来的变化，以及环境保护工作如何适应这些变化，同时还强调了应关注工厂关停之后的后续污染治理问题。

政府信任作为一种社会认知，反映了公众对政府机构及其工作人员的信赖和信心，这种信任通过社会经验和社会化过程得以形成，是维持合作关系的基石。信任构建基于社会成员之间的频繁交往，并受社会群体归属的深刻影响。公众对政府的信任表现为相信政府会对其行为和决策负责，在出现问题时承担责任和采取补救措施。公众的政府信任度决定了其对政策支持和认同的程度，而政策认同是政策有效执行的前提和基础，能够促进公众对政策的遵从。研究发现，通过"实验室内"的互动，地方政府工作人员和村民之间的交流增强了村民及其他利益相关者对地方政府的信任和认可度，促进了对于政策实施公平性和包容性的理解。同时，村民通过交流会提升了和不同利益群体对话、协商和谈判的能力。

二、逆境中的家庭影响及展现：引发政府、媒体的关注

在交流会上，参与者围绕企业关停前后家庭所发生的主要变化进行了深入的讨论。特别是针对 HL 市近 20 年的发展特征，即以工业为主、农业为辅的经济结构。与会者指出，当地农民家庭已不再将农业作为主要生计来源，而是将改善家庭生活的重心转向非农活动和非农产业，依赖非农收入来维持家庭生计。这一转变反映了农民在工业化、城镇化进程中，逐渐形成了与传统农村截然不同的生产、生活方式，以及在此基础上构建的社会关系，即产业的"社会基础"。参与者普遍认同环境治理和绿色转型相关政策的实施对家庭生活产生的显著影响。为

了深入探讨这一影响，交流会设计了一个名为"家庭成员的一天"的活动，将参与者分成四个小组，每个小组分别讨论一个季节（春、夏、秋、冬）中家庭成员的日常作息、生产活动、家务劳动、休闲活动以及社交等的时间分配情况。通过制作 24 小时性别活动图，各小组围绕以下几个问题进行了讨论：家庭中的日常事务有哪些，这些事务是如何分配给家庭成员的？家庭的主要经济支柱是谁？主要负责家务劳动的是谁？谁的贡献在家庭中最为显著？社区的人情往来和公共事务由谁参与？环境治理和绿色转型（如企业关停）前后，家庭发生了哪些主要变化？家庭是如何应对这些变化的？从对每个季节家庭成员的作息、生产生活、休闲社交等方面的描述来看，参与者的讨论揭示了家庭生活的变化趋势，这些变化与传统农村"村民"的日常生活模式（如起床、为孩子准备早餐、送孩子上学、工作、接孩子放学、准备晚餐等）相比，更接近于城市"居民"的生活方式。

在探讨"去农民式生活"的过程中，我们得以观察到村民生活方式转变这一复杂的社会现象，特别是城镇化与工业化给农村社会带来的深远影响，使其逐渐呈现与现代城市生活相类似的特点。农民家庭生活的描述，如"家里还有一点地，早上上班之前看一下""现在很少把时间放在种地上，基本上是围绕上班、做饭、照顾孩子这些家庭层面""现在的农活都机械化，干农活也就收割的时候忙一些"，均揭示了当地农民家庭生计模式从传统的纯农业经营向"半工半耕"模式的转变，最终演变为以工业或服务业为主的现代家庭生计模式。通过对农村妇女三重角色的分析，讨论聚焦于环境治理和环境转型政策实施对家庭内部资源分配的影响，深入探讨了农村女性在家庭生活中的职责和地位，以及在社会互动、社区支持中和经济活动中的参与和贡献。这一分析揭示了家庭劳动力角色的变化和适应过程，即家庭分工模式从传统的性别角色分工（男主外、女主内）逐渐转变为家庭成员共同参与工作以获得经济收入的新模式，从而形成了一种新的、更加平衡和共同承担的家庭形式。在新的社会转型背景下，农民角色的巨大转变表现为一个逐步演进且复杂的过程，从职业农民到兼业农民，再到以非农职业为主的演变，每个阶段都经历了相当一段时间的过渡、适应和认同过程。这一角色的跨越不仅是一个漫长的过程，也是个体与社会结构相互作用、相互适应的结果。

在第二次交流会上，采用了情景规划工具来续写田野故事，以此探讨环境治理和绿色转型政策实施背景下的人物命运。参与者为田野故事的四位主人公及其家庭构建了不同的未来生活场景和生计方式，并在此基础上进行了深入的分组讨论。以下为讨论的主要内容：①结合环境治理和绿色转型政策实施背景，设想故事主人公及其家庭成员（妻子、丈夫、老人和小孩）的现状，并分析导致这种现状的原因。②基于所设想的现状，讨论主人公家庭可能遭遇的困难，包括经济、健康、家庭关系和代际教育等方面的问题，并探讨他们应对这些困难的方式。③讨论主人公家庭可能从哪些地方或渠道获得帮助，以应对生活中的挑战。通过构建详细的故事情节，参与者描述了每个情景的发展过程、关键事件和可能的结果，并分析了不同情景下的风险，以帮助大家评估和准备应对潜在的风险，从而更好地适应未来的变化。研究发现，来自不同村庄的村民多依赖于微观层面的个体特质和家庭亲朋的支持，而其所处的社会生态环境为他们提供的帮助有限。有研究指出，经济形势的衰退可能强烈冲击家庭的稳定与幸福。具体表现在家庭收入减少可能增加经济压力，影响生活质量；经济困难可能使家庭难以承担日常开支、债务和紧急费用，导致财务压力增大；家庭可能不得不消减非必需消费，限制子女参与课外活动或发展个人兴趣，影响生活享受和家庭成员的情绪；经济困难还可能降低家庭成员的生活满意度和幸福感。研究成果证实，家庭成员可能面临就业不稳定的风险，经济困难和工作频繁变动可能增加家庭成员的心理压力和焦虑，影响情绪健康和家庭关系，甚至可能增加夫妻或伴侣之间的争吵和矛盾，影响关系稳定性。这些暴露出来的问题在交流会上被充分呈现，引发了参与者对转型中受影响群体所处社会生态环境中机会结构的深刻思考。

三、产生多利益相关者之间的互动

沟通从本质上来说，就是一个信息的双向传递和交流过程，包括了传递和交换信息、表达情感和解决问题的过程。只有充分、及时、顺畅地沟通交流，才能有助于参与者了解各自的真实诉求和顾虑。不通畅或堵塞的信息传播和交流渠道会加剧彼此的猜测和误解，从而产生不良情绪，甚至会影响社会的稳定。交流会为各社会主体搭建了一个有效沟通和交流的平台。无论是在环境治理和绿色转型的主题讨论环节，还是在讨论之后的休息时间，利益相关者，特别是研究人员、媒体和环境保护组织，一直主动和村民、原水泥企业经营者及政府工作人员开展交流。其中，记者深入了解村民个体及其家庭在转型中的经历、Y 镇政府和 HL 市政府所采取的应对措施、原水泥企业的转型情况等。参会的环保组织从业者则与地方政府工作人员开展了大量的对话，努力寻求与政府合作。

在交流会中，参与者发现村民能够获得的资源、机会和个体的实际需求之间存在显著的差异。有研究显示，农民对于土地和家乡的深厚情感，以及他们安于家乡的生活态度，即恋土、恋乡，构成了河北农村剩余劳动力外出就业的心理认同障碍之一。因此，很少有利害相关的村民参加政府提供的免费培训。换言之，政府直接提供的培训资源和机会，并未能与村民的实际需求实现有效对接。针对这一问题，参与者基于对现实的认识，展开了关于如何提供可及可获得的支持性资源的深入思考。在此过程中，参与者认识到，除了考虑为转型中的受影响群体提供匹配的资源和机会，还需关注这些资源的文化适用性。文化适用性涉及某一产品、服务、活动或信息与特定文化背景下的价值观、习俗、信仰和行为模式之间的契合程度。因此，在提供支持性资源时，应当考虑到文化因素的复杂性，以确保资源的有效利用和个体的全面发展。

第三节　意义系统与机会结构

一、对环境改善和绿色转型社会成本的认同

参与交流会的成员包括当地村民，均深切地感知并体验到了近年来地方环境的显著改善。这种环境的好转不仅为参与者的主观感受所证实，同时也获得了客观数据的支撑。根据石家庄环境监控中心提供的官方统计数据，2013～2021 年，石家庄的空气质量综合指数呈现显著的下降趋势，这表明空气质量得到了显著的提升。具体数据表明，2013 年、2015 年和 2020 年，石家庄空气质量优良天数分别为 43 天、180 天和 205 天，呈现逐年增加的趋势，而重度及以上污染天数则分别为 153 天、48 天和 21 天，呈现逐年减少的趋势。此外，石家庄的首要污染物 PM10 和 PM2.5 的年均浓度值也显著下降，从 2015 年的 147 微克/立方米和 89 微克/立方米降至 2020 年的 101 微克/立方米和 58 微克/立方米。在 HL 市，2018 年、2019 年和 2020 年 PM2.5 的年均浓度值分别为 70 微克/立方米、63 微克/立方米和 55 微克/立方米，较 2013 年分别下降了 30%、37%和 45%。其所辖市 HL 市的优良天数逐年增多，重污染天数逐年减少，空气质量得到明显改善。至 2021 年，石家庄的优良天数达到 240 天，较 2020 年增加了 35 天，全年空气质量综合指数同比下降 18.2%，成功退出全国 168 个重点城市排名"后十"。其中，HL 市的空气质量综合指数降至 4.68，同比下降 2.7%[①]。这些客观数据均与村民直观感受到的环境变化一致，共同见证了地方环境质量的显著提升。对此 Y 镇兴旺

---

① 资料来源于 2024 年 1 月 HL 市政府办公室发布的《HL 市政府工作报告》。

饭店的吴老板说：

> "现在空气改善还是相当明显的，晴朗的天气多了。没有治理以前，最严重的时候，在街面上走感觉像下土一样，那会儿的烟啊，乌烟瘴气的，后来治理得真不错了。"（2016 年 9 月，Y 镇兴旺饭店）

西方村的王霞对环境的改善也很有感触，她说：

> "绿色发展是好事，环境变好了。以前村里水泥厂多，空气确实不好。以前家里平台上种的蔬菜全是灰，不敢开窗户，现在改观大了，天晴的时候能够看到蓝天。在水泥厂拆除后，整个环境确实有了最直接的变化。绿化做得也不错，放眼看去都是美景，心情也好。"（王霞）

以上这些都是村民从直观上感觉到环境的变化。此外，在交流会的讨论与分析环节，各利益相关群体指出，环境治理和绿色转型政策实施过程中不可避免地伴随着一定代价。对此与会者讨论也分享了各自对政策实施成本的思考。

在面临环境治理和绿色转型的压力背景下，地方政府因企业关停而承担了相应的成本，这些成本不仅包括经济成本和环境成本，还涉及社会成本。在交流会上，多利益相关群体对社会成本问题进行了深入讨论，这一过程促使他们跳出传统的思维框架，以更加系统、全面和理性的视角审视环境治理和绿色转型政策实施对不同地区及村民带来的影响，普遍共识认为，有必要制定更为科学合理的政策，充分重视社会成本问题，并构建相应的社会成本评估与反馈机制。此外，应根据监测与评估的结果，不断调整策略和行动方案，以保障弱势群体的利益，从而更好地体现政策的合理性、包容性和公平性。

二、促进参与者思想意识的实质性改变

交流会为多利益相关群体提供了开拓思路的机会和平台、有效的沟通协商渠道，增进了彼此的理解。正因为对困难的直视、面对和分析讨论，具有不同背景的利益相关者才有了系统性视角，以及对需要共同解决问题的思考。参与者认为，通过交流会扩展了自己的思维空间及角度，并开始有意识地系统性思考问题和解决问题。即不仅关注受影响群体本身，而更加关注该群体所置身的社会生态环境，特别是如何为他们提供可以够得着、拿得住的机会和资源，即最大限度地

精准匹配机会和资源。交流会也促进了参与者个体思想意识的改变。

特别是对于媒体和环保组织的参与者来说，他们和政府各部门开始逐渐建立合作，包括推动多方多元参与的环保治理模式尝试都是一种积极的趋势。媒体可以发挥其传播和监督优势，环保组织可以利用专业知识和研究成果与政府合作，能够推动更有效的环境政策和法规的制定。正如参与者所描述的，公开、互信的交流，有利于建设性决策的制定和良性互动的持续，形成政府引导、市场运作、公众参与的多元共治格局。此外，交流渠道和平台推动了建设性决策的形成、良性互动的持续。

三、"实验室内"的积极信息——自信与对未来的期待

在交流会的后期，"实验室"采用艺术走廊的形式，组织参与者就环境治理和绿色转型未来的愿景进行深入讨论。艺术走廊作为一种参与式会议技术，其设计目的是促进群体间的讨论和意见交流。在此过程中，会议室内布置了承载不同主题或内容的展板，参与者则在展板间"漫步"，观察并讨论展板内容，并通过贴纸或笔记的方式表达个人的想法和观点。艺术走廊的特点在于其具有互动性、多样性、参与性和集体性，它常被用于会议、工作坊和团队讨论中，以促进参与者之间的互动和合作，同时收集多样化的意见和建议。在交流会的过程中，参与者各自表达了对未来的展望，特别是村民通过和其他利益相关群体的积极沟通，更加坚定了对于各社会主体关注农民福祉的信念，相信各社会主体不会置身事外，他们一致对 HL 市和 Y 镇的未来发展抱有极高的期待，包括：

> "HL 市北部发展出新的工业群，转型出路明确、路线明晰，经济真正实现腾飞，百姓过上富足的好日子。整个地区变化巨大，老有所养，老有所依。"
>
> "希望未来更完美，经济社会发展转型能成功，京津冀一体化发展，转型升级取得大进展。"
>
> "希望新产业的到来可以接触到一些新的事物，学到新的东西（技术）。"
>
> "已有的成果能运用到决策中。可以看到各方的积极变化，有明确转型出路。"
>
> "希望那时候，到哪里都是蓝天，环境好了，路也通了。"

四、机会结构：中观、宏观层面应对逆境的策略思考

尽管在"实验室内"直接为村民个体提供可用的机会资源存在一定难度，但互动过程中却可能孕育出一些潜在的可及机会。在交流会中，多利益相关群体就系统内中观层面和宏观层面的政策措施进行了探讨，认为通过这些措施的实施能够支持转型中受影响群体持续抵抗逆境。从中观层面来看，参与者提出，应从企业和社区的角度出发来应对困境。

特别值得一提的是，社区作为一个村民居住、生活、休闲活动及娱乐的场所，也是重要的社会空间，应承担起为村民提供支持的角色，特别是在帮助村民获取社会资源以及建立社会资本（如信任、交往、人情往来等）方面。随着城市化和工业化的不断深入，传统的农村差序格局也在发生变化。通过开展广泛的社区活动，不仅可以丰富村民的社区文化生活，而且还能提升村民的社交技能，增强邻里之间的联系和互动，从而避免因逆境而陷入无助，同时促进村民对社区的归属感，增强他们的凝聚力、向心力及适应性。

此外，交流会在设计上包含了几个重要的讨论环节，如对环境治理与绿色转型带来的机遇和挑战的讨论。特别是政策构想环节中的"头脑风暴"方法，进一步激发了多利益相关者的思考。"头脑风暴"作为一种团队创意和问题解决的技术，旨在通过集体讨论和自由表达想法，激发出创新思维和解决方案。在这种氛围中，参与者可以毫无顾虑地提出各种想法，而无需担心其现实性或可行性。在回应"在不受资金、时间等条件限制的情况下，何种政策、措施可以更好地促进环境治理与绿色转型政策的实施，同时解决当前受影响群体的困境"这一问题时，宏观层面的政府、媒体和研究者的作用被参与者普遍强调，尤其是对地方政府角色的期待值较高。这也反映了参与者对于政府在社会治理和公共政策制定中作用的认可，以及对于政府能够引领和推动绿色转型进程的信心。

在上述讨论中，参与者提出的解决转型中受影响群体困境的措施和手段，主要聚焦于该群体所置身的社会生态环境的宏观层面和中观层面。在"实验室内"，多利益相关者从最初的对村民在特定情境中的经验体验的倾听和关注，逐渐转向对整个系统的"看见"，并更多从系统的中观层面和宏观层面进行思考和讨论。在反思和建议环节，交流会基于"如果你是政策的制定者，你最想制定的政策或建议是什么"这一问题展开讨论。参与者将他们的思考和建议匿名写在卡片上，随后进行大组的集体分享和讨论。

这些建议中，一些强调了顶层制度设计和规划的合理性，以及政策实施过程

中对地方性差异问题的考量；另一些则认为政策应既符合法律法规，又贴近实际，同时需更加关注公平性问题，即"公正转型"（Just Transition）。目前，公正转型被广泛认为是在经济向可持续发展方向转变时，建立相应的社会制度框架以确保受影响群体的工作和生计不受到严重损害的重要社会机制。公正转型被视为是支持应对气候变化的一种关键的社会机制，其关注对象是在环境治理或转型发展过程中可能受到影响的群体和地区。研究发现，参与者的讨论焦点逐渐集中到如何改善转型中受影响群体的社会生态环境，从而为他们提供支持。正如李培林（2010）所提出的，"三农"问题的解决需要跳出仅从农村出发的视野，因为很多问题并非农村自身能够解决，必须从城乡统筹发展的角度进行思考。

在整个田野调查的过程中，各利益相关方并未针对村民个体及其家庭的困境提出具体的政策建议，而交流会针对村民及其家庭遭遇的困境这一真实情境进行了分析和系统性思考，并由此产生了一系列政策建议。同时，解决问题的重心也被转移到关注他们所处的社会生态系统。

第四节 走出"实验室"的观察

交流会最终达成了各方共同努力以解决转型中受影响群体问题的共识，认识到这一复杂问题的解决需要系统性思维和方法。它不仅依赖于村民个体及其家庭的力量，而且迫切需要政府和其他社会主体的高度参与，通过提供可及且可用的机会与资源，协助他们克服逆境。此次交流会不仅为各社会主体提供了一个深度交流的平台，而且为本书研究提供了一个直接观察村民和其他社会主体互动的真实场景，这在一定程度上弥补了田野调研中展现的各社会主体之间互动的碎片化、不连续性和角色缺位等问题。通过"实验室外"和"实验室内"的结合，能够更全面地理解村民抗逆力的展现过程及其与各社会主体的互动。交流会的结果证实，村民面临的困境无法仅通过个体特质或行为为中心的抗逆力来解决，而应该依赖于社区、企业、政府、社会组织、媒体等社会主体所提供的具有文化适应性的资源和机会。在此基础上，激发社会生态抗逆力成为解决困境的有效途径。

一、个体将"实验室内"获得的力量带到"实验室外"

研究发现，村民个体从"实验室内"获得的力量，强化了他们克服困境的斗志和信心。交流会结束后，研究者进入调研点开展回访和反思工作。其间走访了北方村、西方村、南方村、猴场村等村的部分村民。后期再返回西方村问及与未来发展相关的问题时，参与过交流会的村民王霞认为：

> "交流会的帮助还真挺大，知道了绿色转型的知识，以前了解太少，这样的活动对农民很重要，收获很大。"（2019 年 5 月，西方村王霞家）
>
> "通过交流会能把自己看到的、经历的说给大家听，内心真的挺温暖的，只要有人关注，一切问题都不是问题。"（2020 年 6 月，微信访谈，王霞）

这正说明交流会确实为转型中的受影响群体建立了多元协商沟通与交流的平台，并创造了他们与中观、宏观层面的企业、村干部、政府工作人员、媒体和学者直接互动的机会。同时，也锻炼了村民自身的表达能力和理解能力。

常勇通过交流会了解到国家对环境治理和绿色转型的政策鼓励方向，后期基于对未来发展趋势的判断，他毅然转变了生计方向，包括承包荒山荒岭绿化项目、转向为正在规划建设的 Y 镇物流产业园提供运输服务，以及后期的打算——经营家庭农场等，他不断地从其置身的社会生态环境中寻找并获取可以被自己驾驭和协商的机会资源，在短期内高效利用这些资源以抵抗逆境。交流会平台可以帮助村民树立对各社会主体的信任，以及预期能够获得帮助自身战胜挫折和困难的资源和机会，同时也增强了个体对未来发展积极向好的信念，这种信念会产生攻克难关和挫折的动力。北方村的村民田国强觉得：

> "当时参加了（交流会）之后对 Y 镇的发展还是挺有信心的。特别是现在看见生态大道修好，绿化也搞得不错，觉得今后应该会很好……"（2019 年 5 月，北方村田国强家）

这种信心不仅来源于对未来发展的期许，同时也来源于交流会带来的互动的加强。也就是说，通过增强社会生态系统内的社会主体的互动，发挥机会结构和意义系统的作用，能够在多个层次上塑造个体行为，促进转型中受影响群体的抗逆过程。

二、"实验室外"中观层面社区精英的有限行动响应

在回访过程中，研究者观察到参与交流会的社区精英受到了会议的启发，并

采取了旨在解决村民补偿问题的具体行动，尽管这些行动在实施效果上可能存在一定的局限性。具体而言，北方村村干部陈功在交流会之后，加强了与 Y 镇和 HL 市政府的沟通，积极向更高层级政府反映村民的需求和建议，以期获得更多的政策支持和资源投入。他特别期望通过上级政府的援助，为村庄引进资金或新的劳动力就业项目。另外，蓝牌特种水泥厂的企业经理杨刚也表示，交流会对他产生了启发，他计划在企业转型的补偿方案制定过程中，将村民问题纳入讨论范围，并期待政府能够根据企业的实际情况提供相应的支持。杨刚认为，交流会为企业提供了多方共同解决问题的思路，例如，企业应当制定长期的环境保护投入规划，而不只是满足国家的最低标准。研究发现，政府作为宏观层面的最主要外部支持力量，不仅深刻影响着中观层面的企业和社区的行动，而且决定着它们提供机会和资源的能力和质量，换句话说，中观层面提供可及且可用资源和机会的能力，也受宏观层面的直接影响。政府的政策支持、财政投入、项目扶持以及培训和技术支持等措施，对中观层面的社区和企业的行动产生直接影响。

三、"实验室外"宏观层面各社会主体的支持

参与交流会的政府工作人员、媒体代表和研究人员表现出积极的响应，他们在"实验室外"开展了一系列针对受影响群体的支持性活动。交流会结束后，与会媒体先后发表了两篇深度报道，聚焦于转型过程中受影响群体的处境。受到这些报道的影响，广州报业集团旗下的一家知名杂志记者主动与项目团队成员和参与交流会的社会组织负责人取得联系，继续就环境治理和绿色转型政策实施过程中的社会成本问题进行探讨。这一系列报道从村民的角度和多方的声音出发，分析了环境治理和绿色转型政策实施的影响，弥补了以往报道中对受影响群体关注的不足，促进了村民与政府、企业、社会组织等各个方面的合作。媒体的报道不仅为村民营造了一个支持性的社会环境，同时也为他们及其家庭提供了积极的情感体验。

从地方政策措施来看，Y 镇政府针对受影响群体的具体现状，采取了一系列的干预措施。特别值得关注的是，一位全程参与交流会的 HL 市政府工作人员杨晨光，在 2019 年下半年调任至 Y 镇，成为该镇的主要负责人之一。通过对 Y 镇 2019 年的政府工作报告的分析，可以看出 Y 镇在该年份已经实施了一系列环境治理工作。与以往的规划和报告相比，Y 镇政府的工作计划和方案中特别强调了一些较少关注的方面，这些方面正是交流会过程中各社会主体在相互交流的过程中提到过的问题。

毫无疑问，Y 镇政府的这些针对村民实际需求和符合当地情况的具体行动，都有助于村民获得进一步的帮助，并促进优势保护资源发挥作用。

第五节　本章小结

一、交流会的反思

在缩小版的社会生态系统"实验室"环境下，交流会为直接观察各社会主体之间的真实互动提供了机会，并通过增强这种互动实施了针对村民抗逆力提升的实践干预。首先，交流会有助于构建新的跨界合作平台和网络联络，促使众多利益相关群体在网络内的互动和合作，同时提高潜在解决方案的可行性，特别是在一定程度上解决了因信息不对称而导致的资源机会可及性和可获得性不高的问题。两次交流会为各社会主体搭建了直接交流的平台，在"实验室"环境中，各社会主体实现了高度互动，真正做到了对转型中受影响群体问题的深入交流与讨论。各社会主体从一开始的相互不熟悉到后期的积极参与，证明了一个"安全"的环境能够容纳多利益相关群体，并促进其深入思考。

其次，通过"调研—首次交流会—再调研—再次交流会—再调研"的路径，充分提升了各社会主体对整个社会生态系统和问题的重新认识。环境治理和绿色转型不是一个简单的问题，而是一个复杂的跨领域系统工程，涉及经济、社会、文化、政策和技术等多个层面。仅依靠单一的手段（如技术手段）或单一的社会主体，都无法真正解决这个复杂的社会问题。环境治理和绿色转型是一个长期的过程，需要各社会主体的多方共同参与，并形成合力。长期来看，解决村民的困境更需要各社会主体的共同努力，尤其是政府的力量和社区的高度参与，为受影响群体精准地提供机会与资源，包括政策支持、再培训教育、就业服务、社会保障、创业支持、公共服务等。这些机会和资源可以帮助他们减少转型带来的负面影响，并提供新的机遇，让他们有劲使得上，从而帮助他们战胜逆境。

此外，交流会也有助于增强村民解决问题的信心，通过对绿色转型和环境治理政策的实施及意义的认同，使他们切实感受到自己并非孤立无援。在第二次交流会上，村民不仅敢于分享自己的经历、体验和想法，而且更加有勇气向包括政府、媒体在内的社会主体提问、对话，并寻求支持，以期获取与自己能力相匹配的机会和资源。例如，他们对 HL 市、Y 镇的发展规划表示了关注，并邀请媒体对村民的生活和工作进行相关报道，期待政府能够对较困难的群体提供救助或帮扶等。交流会为各社会主体之间的相互交流创造了机会。

然而，在回顾和反思整个交流会的组织过程时，可以发现存在一定的不足之处。例如，在识别和纳入多利益相关群体的阶段，需要更为细致和深入的工作。在参会社会组织的选择上，尽管最初的调研结果显示，当地没有相关的社会组织和服务类社工机构在开展工作，因此仅邀请了石家庄的机构和北京的媒体机构参与两次交流会。尽管这些机构对绿色转型和环境治理议题表示了兴趣，但它们的主要工作方向依然集中在环境保护领域，其直接为村民提供具体支持的能力有限。这种局限性导致了参与交流会的社会组织与受影响群体之间缺乏直接的相关性，社会组织在帮助村民提升抗逆力方面的作用并不显著，或者说，这些中观层面的社会组织参与者在交流会中的作用在帮助提升村民抗逆力方面不够突出。因此，为了更有效地发挥社会组织在提升受影响群体抗逆力方面的作用，未来的交流会组织工作需要在利益相关者群体的识别和邀请方面做出更为谨慎和全面的考量，确保参与社会组织能够与受影响群体产生直接的支持与互动，从而增强交流会的实效性和影响力。

在第二次交流会开展前，笔者通过访谈了解到，HL 市人力资源和社会保障部门计划通过政府购买社会组织服务的方式，为村民提供职业培训服务。然而，由于该政府工作的具体日常安排在当时尚未确定，因此无法预知哪些社会组织将参与招标并最终中标。振华人力资源培训中心在 2019 年成功中标后，开始承接服务并进入 Y 镇实施培训工作。这种不确定性导致无法将那些真正在地方层面开展工作的社会组织"放入实验室"，共同探讨复杂问题的解决方案。若交流会能够涵盖那些直接和村民互动的社会组织，或许就能最终形成社会组织针对解决村民困境的具体行动策略和方案，同时也能更清晰地解释社会组织在提升受影响群体抗逆力方面所能发挥的作用。

二、交流会的总结

在转型过程中受影响的群体并非被动地等待命运的安排，而是为了实现自我适应和良好发展而积极主动地采取行动。本章主要通过绿色转型多元交流会，将村民微观层面、中观层面以及宏观层面所交互的各保护因子聚集在一起，试图从一个模拟的个体所处的社会、文化背景空间环境内，即在实验室环境下的社会生态系统内来理解抗逆力，主要专注于通过加强整个社会生态系统层际间的互动，特别聚焦于中观层面和宏观层面的外部资源发挥的近端保护和外部支持作用，促进个体成功抵抗逆环境，互动关系如图 7-1 所示。

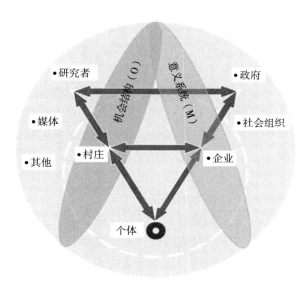

图 7-1　交流会不同层面的因子"共处一室"

通过交流会观察和分析发现，交流会增强了整个社会生态系统中社会主体的互动，提升了村民（特别是"走出实验室"后）对机会和资源的可及且可用性，也强化了意义系统的作用，包括对"家国一体"价值观的强调，他们将自身家庭的幸福与国家的繁荣视为一体，个人的命运与国家的命运紧密相连，且个人利益与国家利益是统一的，这种观念使他们更容易认同和支持国家环境治理与绿色转型政策的实施。同时，还带来了各社会主体"实验室外"的变化，试图通过改善村民所处社会生态环境，从而促进村民抗逆力的提升。

微观层面，就参与交流会的村民个体来说，一方面促进了其对家庭男女角色的理解与和谐家庭的构建，强调了家庭意义，提升了个体抗逆力和家庭抗逆力；另一方面个体通过参与交流会密切接触到不同的群体，进一步了解和认同国家绿色转型与环境治理的意义，同时拓展了视野，锻炼了自身的交流、对话和协商能力。特别是对绿色转型政策和方向认识的加深，为受影响群体提供了激励和支持，使其拥有无比坚定的对未来向好发展的信心。参与交流会的村民个体更加坚定、认同绿色转型和环境治理的政策实施，也更加期盼来自他们所处的中观层面和宏观层面，特别是政府的支持和行动。

中观层面，就参与交流会的社区精英和企业经理来说，一方面他们表达了自己肩负的压力和诉求；另一方面也意识到转型过程中自身不可推卸的责任。对于正处于关停准备阶段的企业来说，需要考虑的远不仅是政府补助、搬迁选址等系列问题，更需要尽可能考虑现有员工的安置问题，这也是企业应当承担的社会责任。对于已在转型阶段的企业来说，不仅要考虑如何可持续营利问题，更要考虑如何从原水泥企业的运营经验中吸收有益的部分、怎样加强与企业所驻扎社区的联系、如何深度融入社区并参与社区的发展和治理。对于社区精英来说，要思考如何发挥示范引领作用学习东方村的经验；如何结合宏观层面的政府政策推进社区集体经济建设；如何结合本地文化、习俗开展社区活动；如何引导村民关心村庄公共事务和生活环境；如何组织动员村民共同参与村庄治理；等等。这些问题的解决都会有效地促进村民抗逆力的提高。

宏观层面，就参与交流会的政府工作人员、社会组织人员、媒体记者和研究人员来说，交流会中提及的重点是如何将个人力量部分转化为可实施、可操作的后续行动。他们构成了村民抗逆过程的外部支持力。例如，Y镇地方政府的年度工作计划和方案开始强调支持社区集体经济的壮大发展、社区公共服务的提供、第三方培训组织服务的购买等内容。这些工作计划和方案的实施，都将成为村民抗逆力提升的有效助力。借助贯穿整个社会生态系统不同层面的机会结构和意义系统这两大关键支撑，通过"充分"地向村民提供中观层面和宏观层面的有质量机会资源，能够激发他们寻求、驾驭和协商这些可及且可用资源的能力，并在较短的时间内高效利用这些机会和资源，从而推进他们的抗逆过程，最大限度地帮助他们走出逆境，达到适应。

第八章　研究结论及政策建议

在应对环境治理和绿色转型的压力背景下，HL 市地方政府采取了关停水泥企业的措施，通过强有力的手段推进大气治理和产业结构调整。这一过程不可避免地导致了大量受影响群体的产生。本书采用质性研究方法，历经六年的时间，对 HL 市 Y 镇受到转型影响的群体进行了追踪式研究。结合社会生态系统理论和生态抗逆力理论的分析框架，本书从微观、中观和宏观三个层面，深入探讨了村民所置身的社会生态系统中的抗逆力形成过程及其影响因素。本书旨在基于前述的田野调查数据，概括受影响群体的适应结果和抗逆力生成机制。在此基础上，本书对既有的抗逆力理论进行了回顾，并对社会生态抗逆力理论进行了再探讨。最终，从微观、中观和宏观三个层面出发，提出了旨在提升村民抗逆力的政策建议，以期为相关政策的制定和实践提供理论依据和指导。

第一节　绿色转型受影响群体的适应结果

研究发现，微观层面的抗逆力内生动力、中观层面的抗逆力近端保护和宏观层面的抗逆力外部支持，这三个层面的因素相互作用，共同塑造了村民的适应结果。村民的适应水平高低取决于意义系统和机会结构如何影响微观、中观和宏观三个层面为个体提供的资源的可及性和可用性，以及这些资源之间的匹配程度。通过借鉴抗逆力环境—个体互动模型、抗逆力身心灵动态平衡模型和生态抗逆力多重均衡模型，可以构建出一个简单的框架来评估调研地村民的适应水平，该水平从低到高可以分为：适应不良而衰退模式（A 模式）、低水平适应模式（B 模式）、适应模式（C 模式）、抗逆后转换模式（D 模式），具体如图 8-1 所示。调研数据显示，Y 镇村民的适应结果主要位于低水平适应到适应的区间，即介于 B 模式和 C 模式之间。

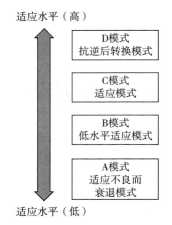

图 8-1　调研地村民适应水平

一、A 模式：适应不良而衰退模式

适应不良而衰退模式（A 模式）描述的是个体在遭受冲击后，由于缺乏足够的抗逆力资源和支持系统，难以抵抗逆境和维持稳定状态，从而导致持续性的衰退（见图 8-2）。在这种模式下，微观层面的个体资源、中观层面的社会关系和宏观层面的制度支持都表现出不足以支撑个体应对逆境的挑战，或者这些层面的抗逆力作用相对较弱。个体可能会表现出暴力行为、反社会行为或严重的情绪障碍等适应不良的迹象。这些行为和障碍不仅影响个体的心理健康和社会功能，还可能加剧逆境的影响，形成一个恶性循环，最终导致个体在多层面上的适应不良。

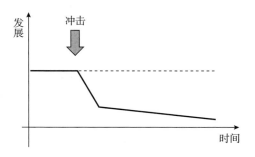

图 8-2　适应不良而衰退模式（A 模式）

在调研中并未观察到因适应不良而衰退的案例，即未发现村民个体通过滥用药物、酗酒、破坏行为等非常规方式来应对逆境的现象。这种观察结果的可能原因可从以下几个方面进行解释：

首先，意义系统在村民应对逆境的过程中发挥了至关重要的作用，成为支撑村民的最重要力量源泉。正如村民的表述所示，尽管逆境导致了经济收入的下降，但他们仍然坚持工作以维持家庭的基本生活开支。村民对于"是否适应逆境"的回答，如"没有想过"或"没时间考虑"，揭示了他们应对逆境的策略更多地聚焦于实际行动层面，即重心更多集中在具体行动上，而非沉溺于消极情绪之中无法自拔。

上述分析表明，Y镇农民因其地理位置优势能够主动采取行动以获取经济收入，这一点构成了他们应对策略中的首要选择。此外，他们对国家政策的认同、对困境的合理化解释等意义系统因素，进一步巩固了微观层面个体积极应对逆境的态度和行为模式。因此，宏观层面的国家普惠性托底帮扶政策支持、中观层面的村庄基本公共服务和福利提供等保护措施，对于个体和家庭抗逆力的提高至关重要。

其次，早期成功应对逆境的经验为村民战胜逆境提供了坚定的信心。个体对未来逆境的"免疫力"可以通过在生命早期暴露于可控压力中的经验来获得，这意味着生命早期的抗逆经验能够转化为个体未来成功应对逆境的资本。北方村的村民经历了两次整村举家移民搬迁，这两次重建村庄和家园的过程锻炼了村民未雨绸缪的自适应能力，这种能力在后期遭遇逆境时有助于个体寻找并实施有效的应对策略和解决方案。正如宋文成所描绘的"经历过人生的大起大落"，这些生活经历为村民后期抵抗逆境产生了积极的影响，包括增强抗逆力、形成有效的认知策略、塑造积极的自我认识、形成积极的人生观和价值观、提升解决问题的能力以及培养毅力等方面，为个体抵御逆境积累了丰富的应对经验。

在遭遇逆境并最终战胜逆境的过程中，农民"家国一体"价值观得到了强化，他们对于"大家"和"小家"之间关系的理解也进一步深化，认识到两者之间是相互依存和相辅相成的关系。家庭（"小家"）的和谐有助于国家（"大家"）的稳定，而"大家"的繁荣也能够为"小家"提供支持和保障。在绿色转型过程中受到影响的群体往往倾向于选择"小家"服从"大家"。同时，他们也相信，当自己的"小家"遭遇无法自行解决的困难与危机时，"大家"会毫不犹豫地承担起照顾"小家"的责任，通过提供保护和支持来帮助"小家"分担风险。"小家"也有权利寻求这种保护。即使在艰难时刻，农民在精神上都能感受到依托和安全感，这使他们能够更加积极主动地应对逆境。

二、B 模式：低水平适应模式

低水平适应模式（B 模式）是指个体在遭受冲击后，尽管微观、中观和宏观三个层面的抗逆力资源在一定程度上发挥作用，帮助个体持续抵抗逆境，但个体所达到的稳定状态仍低于逆境发生前的水平。在这种模式下，个体虽然能够维持一定的生活质量和功能，但未能安全恢复到逆境前的状态，表明其适应能力受到限制（见图 8-3）。B 模式的出现，反映了个体在面对逆境时的部分抵抗能力，以及抗逆力资源的有限作用。尽管抗逆力资源在逆境应对中起到重要作用，但资源的不足或利用不充分可能导致个体和社会群体只能达到低水平的适应状态。

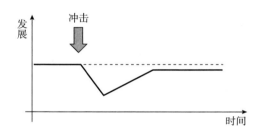

图 8-3　低水平适应模式（B 模式）

低水平适应模式并不意味着个体没有适应能力，而是其适应策略可能较为简单、初级或不够高效。研究发现，西方村、北方村和南方村村民，更多地依靠三个层面中的微观层面的内生动力促成个体抗逆力生成发展，最终达到低水平适应或适应。抗逆力的强弱也影响并决定了个体从逆境中恢复的速度，不同的个体及其家庭的适应周期存在差异，适应周期约为 2~5 年。中观层面的近端保护和宏观层面的外部支持，对村民个体来说相当重要，仅依靠微观层面的内生动力较难实现良好适应。

三、C 模式：适应模式

适应模式（C 模式）描述的是个体在遭受冲击后，能够依托微观、中观和宏观三个层面的抗逆力资源持续发挥作用，以抵抗逆境的影响。在这一过程中，个体在一定时期内成功摆脱困境，并恢复至逆境发生前的稳定状态。如图 8-4 所示，C 模式体现了个体在逆境中的适应能力和抗逆力资源的有效性，标志着个体在经历逆境后能够重返原有的生活轨迹，实现稳定和持续的发展。

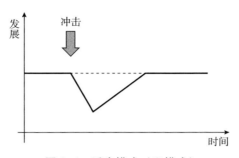

图 8-4　适应模式（C 模式）

　　研究发现，一些来自北方村、南方村和西方村的村民，能够在经历逆境后恢复至之前的稳定状态。与此形成鲜明对比的是，东方村的村民，不论其微观层面村民的个体特质和抗逆力水平如何，均能有效地依托和利用他们所处的外部环境，特别是通过中观层面的优势资源，增强其抗逆力，从而在较短的时间范围内（2~6 个月）实现适应。东方村村民的适应结果进一步证实了中观层面抗逆力近端保护机制对于促进个体适应过程的重要性。

四、D 模式：抗逆后转换模式

　　抗逆后转换模式（D 模式）指的是个体在遭受冲击后，通过微观、中观和宏观三个层面的抗逆力资源的持续作用来积极抵抗逆境。在这一过程中，个体通过主动调整和动员自身能力，与外在资源持有者进行对话、谈判、协商和交易，以寻找和获取个体发展必需的资源。正是基于这三个层面抗逆力的优化匹配与持续作用，个体能够在短期内高效利用机遇和资源，从而成功摆脱困境。更为重要的是，个体不仅恢复了原有的状态，而且通过革新与再造，转化进入一个较逆境前更为优越的新发展状态，实现了更高质量的发展和增长。如图 8-5 所示，D 模式强调了抗逆力在个体逆境应对中的动态作用，以及个体在逆境后实现发展和转型的可能性。

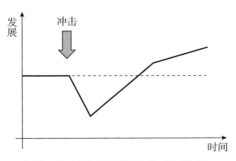

图 8-5　抗逆后转换模式（D 模式）

D 模式代表了高水平的抗逆过程所产生的一种适应结果，从长远视角来看，抗逆后转换模式对于促进个体发展具有更为显著的作用。面对压力或冲击，个体仅达到适应水平是不足够的，而通过转换以实现新的发展，才是个体在适应基础上所追求的优化状态。例如，村民常勇通过有效地挖掘、利用和调动身边可以利用的资源，包括在绿色转型交流会上获取政策信息，通过快速的反思和学习，以及对生计转型的规划和调整，采取积极主动的行动策略，使其抗逆结果朝着 D 模式的理想方向发展。同样地，相较于 Y 镇其他村庄，东方村村民显示出更充分的优势，以实现从适应模式向抗逆后转换模式的跃迁。

综上所述，抗逆力表现为一个持续且动态的过程，同时也是一个长期相对平衡的状态。村民通过微观层面的内生动力，能够促成个体抗逆力的生成与发展，进而达到低水平适应或完全适应的状态。观察结果显示，村民普遍的适应周期为 2~5 年。在此基础上，中观层面的近端保护机制进一步促进了个体抗逆力的提升，从而提高了村民适应的程度和速度。值得注意的是，东方村村民的适应周期显著缩短至 2~6 个月，这表明尽管个体与宏观层面因子的互动可能减弱，但宏观环境提供的外部支持作用至关重要。以政府为核心因子的宏观环境提供的外部直接支持，包括普惠性实质补贴的保障措施、提供一定数量的类公益性工作岗位、对绿色转型和环境治理理念与政策的大力宣传（即意义系统的增强）等，这些措施在一定程度上援助了受影响群体。

第二节　绿色转型受影响群体的社会生态
抗逆力生成机制及评述

一、社会生态抗逆力理论和研究路径演进

本书借用函数表达式，对社会生态抗逆力研究路径的动态演化过程进行了系统的梳理。在回溯抗逆力理论的发展历程中，早期研究主要聚焦于个体层面，着重探讨个体所拥有的保护性特质（如心理层面的自我概念、自我效能感、自尊等）在抵抗逆境和增进福祉中的作用。以个体为中心的研究视角，考察了处于逆境中的个体如何运用这些保护性特质来应对压力和提升福祉，这一过程可用图 8-6（a）中的表达式来加以阐述。在此基础上，本书进一步对绿色转型受影响群体所拥有的显性和隐性资源及其在逆境中的保护作用进行了深入的分析和

呈现。

然而，笔者并未满足于这种个体战胜挫折和困难的简单叙事，而是将研究的关注点扩展到个体所处的环境。基于人与环境的相互依赖关系，构建了一个"生态系统"框架。在此基础上，"考察'人—环境'生态系统内的交互对抗逆力生成的影响"构成了本书的研究路径和方向的核心指导（见图8-6（b））。Ungar（2011）进一步强调，理解抗逆力需要从过程和背景的角度出发，即对"生态系统"内的意义系统和抗逆过程中产生的机会结构保持敏感。因此，Ungar将这两个因子加入到函数表达式中，并定义了生态抗逆力的概念（见图8-6（c））。受到这一理论的启发，本书关注绿色转型受影响群体如何利用自身的优势资源与所处环境的互动关系，并试图识别环境内的意义系统和机会结构，并分析它们之间的交互作用，以揭示抗逆力的生成机制。因此，生态抗逆力理论构成了本书的初始框架，用于分析和解释受影响群体在绿色转型过程中的适应和抗逆策略。

对本书而言，仍存在一些操作性的问题需要解决。首先，受影响群体所处的生态系统因子众多、互动关系复杂，彼此交互密切度和频度呈现出多样性，这就需要进一步对该系统进行梳理和解析。扎斯特罗和阿什曼（2006）有关社会生态系统划分的理论，为梳理和解析该系统提供了一个恰当的框架思路。根据一系列相互联系的因素而构成的一种功能性整体，社会生态系统可以大致分为微观、中观和宏观三个层面。本书根据个体与利益相关者的密切程度和互动距离，将家庭、亲友、邻里归为微观层面，村庄（或社区）、企业（或工厂）归为中观层面，政府、研究者、社会组织、媒体归为宏观层面。在此基础上，依次在每一个细分的层面或者系统内观察彼此间的互动、意义系统和机会结构，从而推导出该层面的抗逆力生成机制（见图8-6（d））。

其次，考虑到本书的田野调查覆盖了6年的时间周期，笔者在不同时间节点上观察受影响群体抗逆力的差异。因此，笔者在表达式中加入了时间因子维度。尽管之前的学者在研究抗逆力时普遍承认逆境周期的重要性，但并未将此因子明确地纳入表达式中予以明示。本书认为，将时间作为因子在抗逆力表达式中明确指出具有以下作用：

（1）抗逆力及其表现与时间因子的相关性，使表达式变得更加明晰。

（2）避免了对表达式的静态和瞬时性理解，而是将抗逆力视为一个具有动态性和过程性的概念（社会生态系统随时间推移而被不断演化扩展，见图8-6（e））。

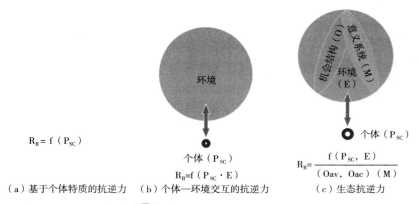

$R_B = f(P_{SC})$

个体（P_{SC}）

$R_B = f(P_{SC} \cdot E)$

$R_B = \dfrac{f(P_{SC}, E)}{(Oav, Oac)(M)}$

（a）基于个体特质的抗逆力　（b）个体—环境交互的抗逆力　（c）生态抗逆力

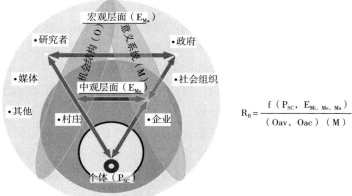

$R_B = \dfrac{f(P_{SC}, E_{Mi, Me, Ma})}{(Oav, Oac)(M)}$

（d）社会生态抗逆力的分层观察

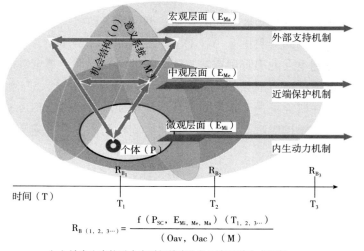

$R_{B(1, 2, 3\cdots)} = \dfrac{f(P_{SC}, E_{Mi, Me, Ma})(T_{1, 2, 3\cdots})}{(Oav, Oac)(M)}$

（e）社会生态抗逆力在时间维度上的观察及其生成机制

图8-6　社会生态抗逆力研究路径演进

（3）这样，可以更容易地识别和描述动态性（不同时间点）和过程性（某个时间段）的抗逆力行为，展现其不断平衡、及时调适的动态演变和发展全过程。由此，本书提出社会生态抗逆力表达式：

$$R_{B(1,2,3\cdots)} = \frac{f(P_{SC}, E_{Mi,Me,Ma})(T_{1,2,3\cdots})}{(Oav, Oac)(M)}$$

从抗逆力研究路径的演进来看，本书所提出的表达式吸纳了生态抗逆力的理念，但在表达上又有所创新：该表达式包含了对社会生态系统的进一步细分，并明确指出了抗逆力的时间属性。因此，本书将其定义为进一步细化的"社会生态抗逆力"概念。社会生态抗逆力可以用文字描述为：处于逆境的个体在其所处的社会生态系统内和逆境周期内，凭借其优势或劣势资源与系统内的保护性和危险性因子进行互动，并在系统内意义生成的影响下，对机会资源进行探索和驾驭，从而实现个体的良好适应。社会生态抗逆力的生成机制涉及微观层面的内生动力机制、中观层面的近端保护机制和宏观层面的外部支持机制。在这三种机制的综合作用下，个体在逆境观察周期内呈现不同的适应水平，包括适应不良而衰退、低水平适应、适应和抗逆后转换阶段。

二、绿色转型受影响群体的社会生态抗逆力生成机制评述

基于 Y 镇的田野调研分析、绿色转型多元交流会观察以及干预实践，本书提出了绿色转型受影响群体的社会生态抗逆力生成机制及适应结果（见图 8-7），具体涉及以下内容：

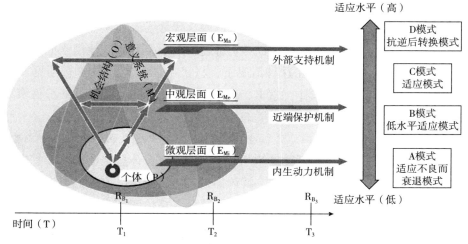

图 8-7 绿色转型受影响群体的社会生态抗逆力生成机制及适应结果

（1）受影响群体所置身的社会生态系统包括多个因子，包括个体的优劣势资源、个体与系统内各利益相关者之间的层际间互动关系以及层级内的互动关系、系统内贯穿不同层面的两大支柱——意义系统和机会结构。

（2）伴随着该群体所处的整个社会生态系统内诸因子之间的交互与影响，微观层面生成了抗逆力的内生动力机制、中观层面形成了抗逆力的近端保护机制、宏观层面则构成了抗逆力的外部支持机制。这三个层面的机制共同作用于绿色转型受影响群体的适应结果。

（3）在转型期这一时间序列内，受影响群体对逆境的适应结果呈现出由低到高的四种模式：适应不良而衰退模式、低水平适应模式、适应模式和抗逆后转换模式。这四种模式反映了受影响群体在转型过程中的适应性和抗逆力的动态变化，揭示了社会生态系统中不同因子在个体适应和抗逆力行程中的重要作用。

（一）绿色转型受影响群体的社会生态抗逆力：微观层面的内生动力机制

本书认为，绿色转型受影响群体所固有的显性和隐性优势资源，构建了微观层面的机会结构和意义系统。受影响群体通过自身拥有的土地、储蓄和劳动力资源，获取了维持家庭生计的可及且可用的机会。此外，他们极具个体特色的心理特质（如积极的自我概念、良好的认知能力和内控性、高自尊与自信、自力更生和坚忍不拔的乐观精神、目标感和希望感、高度的自我效能感等），以及通过邻里或朋友互动所获得的社会网络资源、和家庭成员共同生活所产生的"好好过日子"的家庭责任感，共同构成了微观层面强大的意义系统。这样，个体在这个与己高度融合、不可剥离的微观层面的交互，产生了抗逆力的内生动力机制。

就 Y 镇绿色转型受影响群体而言，研究发现，个体抗逆力的激发主要依赖于其内在保护性因素，包括不易直接观察到的隐性优势资源和易于观察到的显性优势资源。其中，个体所具有的显性优势资源随时间的推移和其他因素的影响，可能失去优势或转变为劣势。在这种情况下，村民个体需要依靠"看不见"的心理特质来应对逆境，使以精神、意志、态度和责任感等为主要特征的隐性资源优势成为绿色转型受影响群体抵抗逆境的核心和最重要的内生动力。

（二）绿色转型受影响群体的社会生态抗逆力：中观层面的近端保护机制

个体的发展不能脱离其所置身的社会生态环境，个体所生活的村庄社区和工作的乡镇企业构成了绿色转型受影响群体的近端生活场域，为他们抗逆力的生成和发展提供资源，是其抵抗逆境的近端保护机制。绿色转型受影响群体中观层面的保护性因子主要是社区和企业。村庄的资源禀赋的好坏、土地资源利用率的高低和村委会组织动员和治理效能的强弱决定了村庄集体经济的强弱，村庄是否具备社区精英和自我管理能力、精英的引领作用大小、村庄凝聚力的高低直接影响了村民的抗逆力。研究发现，东方村的村民能够凭借村庄优势，在较短的时间内克服困境，并达到适应或实现抗逆后转换。南方村、北方村和西方村却出现了不同程度的衰落，社区可动用资源（集体土地资源、集体经济、公共服务、社区福利、社区安全、信息渠道、动员与组织能力、社区凝聚力、集体荣誉感等）日益缺乏，社区较难作为保护性因子发挥作用。

企业被视为与社区并列的中观层面保护性因子，其在解决生计问题方面扮演着重要角色，村民对企业也寄予了厚望。Y镇的东方村由于位于两家大型水泥企业的所在地，并与企业长期保持服务合作关系，因此该村在中小水泥厂关停退出后，能够迅速恢复。此外，东方村的原水泥厂企业家秉承企业家精神，顺应形势变化，进行二次创业，成功转型为特色农产品的种植加工企业以及家庭养殖农场，专注于山地苹果、葡萄和核桃等农产品的种植与加工。这一转型不仅吸纳了地方劳动力，锻炼了村民团结一致的合作能力，而且促进了企业和社区的共同发展。对于东方村的村民而言，无论其个人特质如何，社区和企业所提供的机会资源均是可及且可用的，这为村民应对风险和抵抗逆境提供了有力支持。因此，企业在东方村的表现彰显了其作为近端保护因子的作用，即在逆境中为个体提供必要的支持和保护，从而增强个体的适应和抗逆能力。

（三）绿色转型受影响群体的社会生态抗逆力：宏观层面的外部支持机制

个体在逆境中的适应不仅受到微观层面的影响，还受到来自更广泛社会背景（即中观层面和宏观层面）的显著影响。绿色转型受影响群体的生存环境在微观、中观以及宏观层面上总是处于相互影响和相互作用的动态情境中。在此背景下，个体可以通过充分调动身边可以接近的资源和机会，识别并利用环境中孕育抗逆力的资源。在此过程中，宏观层面包括政府、社会组织、媒体、研究者等保护性因子，扮演着至关重要的角色。对于绿色转型受影响群体而言，宏观层面的保护性因子，如政府提供的政策支持和舆论环境支持等，对于构建支持性环境具有重要意义，从而促进其积极适应。

在此框架下，政府无疑是宏观环境中的核心支持因子。当前，政府为解决绿色转型受影响群体的困境，采取了一系列措施和方法。首先，政府提供的普惠性补贴及福利对绿色转型受影响群体提供了一定程度的保护。其次，政府直接向村民提供所辖区域内的类公益性岗位工作，这些工作岗位成为村民可及且可用的资源，直接改善了村民的生计状况，并增强了他们应对逆境的能力。最后，政府人力资源和社会保障部门通过购买第三方培训机构——振华人力资源培训中心的服务，为农民提供了必要的职业技能培训。在转型过程中，对人员知识储备的更高要求使培训工作在政策推进中显得尤为重要。

除此之外，地方政府持续致力于积极推动企业转型以及引进替代性支柱企业，以探寻绿色转型受影响群体的核心生计手段。面对新形势，政府开始转变思路，探索发展类型丰富的生态旅游业（如蜡像馆、农业采摘、工业旅游等）和康养业等新兴产业的路径。其目的在于通过促进产业多样化，以缓解和分散外部冲击，增强地方经济的韧性。

（四）社会生态系统的两大支柱：意义系统和机会结构

研究证实，在诸多影响抗逆力的因素中，机会结构（即个体所置身情境中提供的可及和可用的资源与机会）和意义系统在抗逆过程中发挥着关键作用。通过增强这两个维度的作用，可以改善绿色转型受影响群体所处的社会生态环境，从而在一定程度上提升村民的抗逆力，以帮助其实现积极适应。抗逆力不仅体现在个人特质或行为上，它更是一个嵌入在社会生态系统中的复杂多维互动过程。特别是从时间维度来考察，绿色转型受影响群体在逆境中与中观和宏观层面的交互，必然需要获取与其能力相匹配的机会和资源，以形成有效的保护和支持机制，从而实现生理、心理和社会层面的适应。

意义系统不仅对个人，甚至对整个社会都具有重要的影响，它具有统领全局和指引发展方向的作用。人们通过意义系统显示自身和外界的联系，它的价值体系指导个体采取行动并与社会进行互动。意义系统能够激励和支撑个体的发展，促使个体具备一种能够分析和洞察当前逆境及其内涵的能力。基于此，逆境才更易于被村民所忍受。村民虽然有自己的意义选择，但他们所形成的共识意义系统包括两个层面：在个人层面，体现为"好好过日子"的家庭意义，包括履行家庭的代际责任、"辛勤劳动就能发家致富"的坚定信念以及守家恋土的思想观念等；在社会层面，则表现为对环境治理和绿色转型发展方向的信心（社会转型需要价值理念的指导）、"家国一体"价值观以及对政府引领作用的高度信赖。上述意义系统不仅指引着绿色个体发展的方向，促进了他们抗逆力的生成与发展，同时也深刻影响了他们对待外部环境的态度和相应的行为模式。

本书通过将个体从微观层面到中观层面再到宏观层面的依次嵌入与叠加，观察层级之内以及层际之间的互动关系，以及贯穿环境的意义系统和机会结构的交互作用。在这一过程中，在微观层面，个体特质（包括显性资源和隐性资源）具有极高的重要性；在中观层面，个体特质仍发挥重要作用；在宏观层面，个体特质的重要性有所减弱。这一发现为我们提供了重要的启示：当社会系统（如福利政策、社区服务、企业就业机会）能够提供有效的支持和保护作用时，个体就不必过度依赖自身的显性和隐性资源，即可顺利度过逆境。

　　基于对 Y 镇的跟踪调查分析，为了促进绿色转型受影响群体的积极适应，必须将绿色转型受影响群体的抗逆力置于具体的社会情境中进行理解，重视其与社会结构和意义系统的关系。要深入理解绿色转型受影响群体的抗逆力，必须从探索个体经历逆境的情境出发，首先分析广泛的社会生态环境特质，其次考虑个体特质。若颠倒这一分析顺序（或过度强调个体特质），则可能错误地将成功应对逆境的原因归功于个体特质如动机、自尊等，而这些个体特质仅能解释该群体中的小部分人的适应情况。

第三节　绿色转型受影响群体抗逆力提升的政策建议

　　应对危机和适应生活是一个涉及多个方面因素和过程的复杂现象。对于绿色转型受影响群体而言，其抗逆力的提升不应仅局限于个体的固定特质，而应该将其置于一个更广泛的社会生态系统框架内，综合考虑社区、企业、政府、社会组织、媒体等社会主体所提供的具有文化适应性的资源和机会，以及这些资源如何通过社会生态系统推动个体的成长和发展。就本书绿色转型受影响群体的抗逆力而言，不应仅限于关注微观层面的个体属性和特质，更应考察该群体所置身的中观和宏观层面的社会和物质环境。因此，抗逆力提升策略也应着重于塑造个体轨迹的社会和物质环境，尤其应关注社会结构的不足和社会政策的制定，强调中观和宏观层面能提供给个体的支持，并通过改变环境（轨迹）进行干预，即通过改变环境以使个体更容易适应，而非仅向个人提供资源以对抗环境。在研究的初期阶段，主要关注绿色转型受影响群体所处的微观层面的核心，包括个体的特质，特别是那些受心理学启发的个体隐性优势特质，如自信心、自我概念、乐观精神、目标感等，以及个体家庭、亲朋好友和邻里所拥有和提供的土地资源、劳动力资源、储蓄资源和社会网络资源优势。进入研究的中期阶段，开始重点关注绿色转型受影响群体抗逆力所置身的情境，即中观层面和宏观层面的社会环境特质。也就是说，研究不仅关注个体层面的特质，而且重视建立个人层面与社会层面的抗逆力研究逻辑关系，即探讨个体与微观系统、中观系统及宏观系统中各社会主体的互动。而在研究后期，主要分析对抗逆过程起关键支撑作用的影响因素，特别重视处于压力下的村民抗逆力的机会结构和意义系统这两个方面的作用，并基于此设计、探讨相应的抗逆力提升干预实践。基于以上研究，针对绿色转型受影响群体抗逆力提升的政策建议如下：

（1）从微观层面来说，提升绿色转型受影响群体抗逆力生成的内驱力，可以从以下两个维度进行考量：首先，应当注意识别并发挥好个体所拥有的生理、心理社会禀赋，尤其不能忽视内部隐性资源优势的作用。立足于个体在环境影响下的心理机制和自我发展，可以通过提供包括问题与冲突解决、沟通和与人交往、情绪调节管理和压力管理、目标设定及目标重建、职业规划等方面的知识、技能训练，提高个人解决问题的能力水平，从而提升个体的抗逆力。针对限制显性优势资源发挥保护作用的因素，一方面需要提升个体获取信息的能力，特别是获取免费、高质量且有助于个体发展的信息，如种养殖、加工、销售等方面的信息。另一方面要加强新知识和新技能获取的后续教育，通过需求资源和寻求帮助，发挥其他层面的保护因素作用，从而释放出显性优势资源的活力。例如，通过开展农民技能培训需求调查，从实际出发多渠道倾听和多方式了解农民真实需求，同时从市场需求角度进行分析和研究，引导农民树立人力资本投资意识，加强劳动技能水平的更新升级，注重家庭收入来源渠道的多元化，从而不断适应劳动力市场变化的现实和增强市场风险应对能力。加强构建村、镇、市三级职业教育培训网络体系，力争为农民提供与其需求和能力相匹配且可接受的培训资源，不断更新和提升他们的生产技能水平和市场竞争力，并为他们提供更为规范、安全、公平的劳动力市场服务。

其次，应当关注以家庭为基本单位的能力培养策略。在地区经济局势的动态变化中，绿色转型受影响群体首当其冲地承受着经济压力的冲击。家庭作为社会经济活动的微观基础，其经济困境往往可能引发生活日常消费支出、劳动力资源配置、子女教育投入、赡养父母的责任以及家庭娱乐休闲活动等方面的调整与重构。家庭内部的各生活领域并非孤立存在，而是相互依存、相互影响的，是一个复杂的系统。因此，某一领域的变动不仅在该领域内产生效应，更会波及家庭生活的其他方面，引发连锁反应。基于以上种种变化，应考虑在以下方面采取措施：①加强对家庭需求的研究，以家庭为单位，识别其在不同生命周期阶段的具体需求，为政策制定提供精准的依据。②推动建立多层次的婴幼儿照料服务和老年服务体系，结合地区资源和传统文化，提供多样化的服务选项，满足不同家庭的需求。③强化家庭政策与经济政策的协同作用，确保家庭在面临经济压力时能够及时获得有效的支持，从而维持家庭的稳定与和谐。④重视家庭能力建设，通过教育、培训等方式，提升家庭成员的综合素质和应对危机的能力。通过上述措施，可以有效地提升绿色转型受影响家庭的社会适应性和经济韧性，从而增强家庭抵御逆境的能力。

（2）从中观层面来说，促进绿色转型受影响群体抗逆力生成和发展，关键在于发挥近端保护作用。为此，首先，需要积极营造一个村民易于获取且支持性的近端社会环境。在这一环境中，村民主要通过其所生活地区的公共资源和社会网络来获取必要的资源，这些资源涵盖了农村社区的村集体土地、集体经济、社区公共服务、社区动员与组织能力、社区凝聚力和号召力、社会交往网络等方面。以下为具体实施策略：①社区环境与服务的优化。通过营建良好安全的村庄社区环境，以及完善社区公共服务体系的建设与递送能力的培育，为村民提供多元、稳定和高质量的社区服务。此举将有助于提升村民的整体福利水平，并加强村庄内部的自我认同感。②村庄组织的自主性与角色扮演。村庄组织应发挥其自主性，扮演村庄的"家长"角色，主动探索和满足村民的需求，加大对村民的关注力度。③集体经济的培育与发展。要大力发展集体经济，借鉴东方村等成功案例的经验，通过示范引领和辐射带动作用，发展壮大社区集体经济，实现集体积累和集体资产的有效管理。同时，建立社区网络，培养社区能人，推动社区自我治理。④社区活动的组织与动员。结合本地文化习俗，组织多种形式的社区活动，引导村民参与村庄公共事务与生活环境的改善，以增强社区凝聚力和村民的参与感。

其次，鼓励和培育多元主体参与社区建设和治理，具体实施策略包括：①推动资源整合与协同治理。基于合作与学习的多元主体协同治理模式，能够有效整合资源，并通过责任分担机制激活村民的责任意识，增强社区的抗逆力。②经济发展规划与企业引进。制定长远的经济发展规划，利用地方村庄的资源禀赋和区位优势，继续加大力度吸引企业入驻，为劳动力提供更多的就业机会，并确保企业引进与社区可持续发展目标一致。③企业社会责任的履行。积极引导和鼓励既有的、根植于地方的企业参与社区发展和治理，激励企业主动承担社会责任，加强已有和拟建企业与社区的联系，逐步改变"外来者"的形象。特别是要吸取原水泥企业在如何加强与所在社区的联系方面的有益经验，与当地社区建立良好的合作伙伴关系，使企业在村庄真正扎根，促进村庄建设和良性治理。④社区文化活动的繁荣与发展。通过社区文化活动的发展，加强绿色转型受影响群体的社会交往和社区认同感，促进村民参与社区活动并使社区及个体受益，从而提升他们获得其发展所需各种资源的可能性，进而提高生活质量和对生活的满意度。

（3）从宏观层面来说，要增强绿色转型受影响群体抗逆过程的外部支持作用，包括直接支持和间接支持，以促进其积极适应。

第一，政府在宏观层面应承担起系统性的顶层制度设计和规划责任，加强政策的统筹协调，进一步优化地区产业结构，并规划好未来的发展方向。转型的核心在于对未来具有战略性意义的新型产业集群的培育。政府应通过以下措施，提供必要的支持：①社会保障政策的完善。通过探索机制和渠道，建立相应的社会保障政策措施，尤其是兜底性保障措施和服务，根据实际需要对转型过程中利益受损的群体提供必要的、有效的基本资源保障。这些保护性的政策措施最有可能为高风险人群提供直接支持。②产业转型的政策支持。针对以能源重化工业为主的重点地区和行业，政府应发挥关键作用，在政策上给予更多的资源配置和时间安排。这是因为，单纯依靠产业自身实现绿色转型是一个相当漫长的过程。客观可见的支持，如资金、劳务和物质支持等，是不以个人感受为转移而客观存在的。具体来说，一方面可以通过加强公共设施建设和供给公共服务产品，直接有效地增加个体和社区的社会资本和金融资本。另一方面设定合理的补贴标准和期限。

第二，培育社会组织与专业人才。①政府应大力发展与有序培育在教育和医疗、文化等领域提供服务的企业和第三方社会组织。特别是应优先培育服务于农村社区的专业化社工类以及维护农民利益的社会组织。这些组织能够发挥补充作用，为农村社区提供更全面、更专业的服务。②加强对社区社会组织骨干人才的培养，通过培训提升其组织管理和服务能力。这不仅可以提高社会组织的服务质量，也有助于提升社会组织在社区中的影响力和凝聚力。③促进不同领域和行业的社会组织之间进行合作，共享资源，形成合力。这种跨领域、跨行业的合作模式有助于整合社会资源，提高服务效率，为农村社区提供更全面、更高效的服务。④社会组织的服务性和专业性能够有效弥补政府角色的不足。不仅要强化社会组织和社区在就业服务中的角色，还要充分利用数字信息技术完善公共就业服务网络。这包括建立长期的追踪监测和服务制度，以实时掌握村民的状况，提供有针对性的服务。

第三，政府支持与第三方社会组织的协同作用。政府应继续通过购买服务等形式的外在机制，支持第三方社会组织链接和整合社会公益资源和力量参与社区建设。这有助于提升社会组织在区域内的组织能力，激发其积极主动为绿色转型受影响群体提供更为多元化的公共产品和服务。①政府应明确界定购买服务的种类、质量标准和预期效果，确保服务的内容与社区建设的需求相匹配。这有助于提升服务的针对性和有效性，从而更有效地共享现有资源，最大限度地减少逆境带来的负面连锁反应。②建立公开透明的采购流程，通过竞争性谈判、公开招标等方式，让有能力和资质的社会组织参与竞标。这有助于确保采购过程的公平性和透明度，从而吸引更多有实力和经验的社会组织参与社区建设。③与社会组织建立长期稳定的合作伙伴关系，鼓励它们参与社区建设的规划和实施。这有助于形成社会组织、村民和政府之间的良性互动，共同推动社区建设和发展。④建立有效的反馈机制，收集社区村民、社会组织和政府相关部门的意见和建议，不断优化服务内容和方式。这有助于提升服务的质量和满意度，从而更好地满足社区村民的需求。

第四，农村金融信贷服务体制的改革与完善。推进农村金融信贷服务体制的改革和完善，拓宽农民资金获取渠道，是提升农村金融服务的可获得性和普惠性的关键。①应拓宽农民获取金融贷款资源的有效途径，以提高金融服务的可获得性和普惠性。可以通过开发更多符合农民需求的金融产品来实现，包括小额担保贴息贷款、首次创业津贴、再就业岗位创建奖励等优惠政策。这些政策旨在满足农民在农业生产、服务和相关产业发展中的资金需求。②可以结合农业农村部开展的信贷直通车活动，通过低利率和便捷的银行贷款，推动农业生产经营的正常发展。此举有助于降低农民的融资成本，提高融资效率，从而促进农业产业的发展。③加强农业风险管理，推广农业保险，减少农业生产经营风险，增强金融机构对农业贷款的信心，包括建立健全农业风险评估系统，对农业生产过程中的风险进行科学评估，为金融机构提供准确的贷款决策依据；加强农业保险产品的开发和推广，为农民提供更多风险保障选项，降低农业生产的风险；建立农业贷款风险补偿机制，鼓励金融机构加大对农业贷款的支持力度，降低金融机构的风险。

第五，社会舆论引导与政策宣传。①确保村民对政策信息的充分及时获取，减少信息不对称和政策认知偏差问题。可以通过加强社会舆论引导和监督，扩大政策宣传的深度和广度来实现。具体措施包括建立多渠道的政策宣传体系，包括传统媒体和新媒体，以确保政策信息能够覆盖到广大村民；加强政策宣传内容的针对性和实用性，通过通俗易懂的语言和形式，提高村民对政策内容的理解和接受度；建立有效的反馈机制，及时收集村民对政策宣传的意见和建议，不断优化宣传内容和方式。②通过全方位、多元化的宣传和报道，为绿色转型受影响群体提供关爱、尊重、理解等情感支持。这有助于增强个体的主观体验支持，包括个体在社会生活中所获得的被尊重、被理解的情感支持。这种情感支持对于个体的心理健康和社会适应能力具有重要意义。③营造一个支持性的社会环境，消除农民因对政策认知不足而产生的疑虑，具体措施包括加强社会舆论引导，通过正面的宣传和报道，塑造支持绿色转型的社会氛围；加强对绿色转型受影响群体的关注和支持，通过政策和实际行动，帮助他们解决实际问题；加强对村民的政策教育和培训，提高他们的政策认知水平和参与能力。通过不断增强绿色转型受影响群体的获得感、幸福感和安全感，从而增强他们的抗逆力。

第六，文化资产与抗逆力建设。文化作为一项增强抗逆力的资产，其对个体和社区的影响具有深远的意义。文化提供了个体和社区面对逆境时所需的心理、情感和社会资源，有助于增强个体和社区的抗逆力。①强化个体对自己文化遗产的认同和自豪感，可以增强个体的抗逆力。文化认同和自豪感有助于个体在逆境中保持自信和积极态度，从而更好地应对挑战。②利用文化传统和习俗来加强社区内的联系和支持网络。紧密的社区成员之间的联系可以在困难时期为彼此提供必要的支持和帮助，增强社区的整体抗逆力。③通过提供社会文化支持活动，充分挖掘地方文化生态系统。个体通过参与文化仪式和活动，可以获得归属感和社区感，进一步增强社区和文化凝聚力的积极作用。例如，各村庄编写村志，就是一种文化的维系和传承。具体措施包括通过教育和宣传活动，提高村民对本地文化的认识和理解，增强文化认同和自豪感；组织各种文化活动，如节日庆典、传统艺术表演等，加强社区成员之间的联系和互动；在传承本地优秀文化传统的同时，鼓励创新和发展，使文化更具活力和吸引力；整合本地文化资源，如文化遗产、文化活动场所等，为村民提供更多的文化体验和参与机会。

此外，还必须深入探究个体及其所属社区所具有的意义系统。在此语境下，意义系统的作用不容小觑，尤其是在社会动员的层面上。在社会治理的框架内，政府所推动的任何行动计划的成功与否，均与广大民众的积极参与和支持密切相关。在这一过程中，意义系统发挥着重要作用，即其社会动员的能力。意义系统不仅能够指导和塑造个体的思想与行为模式，而且能够为个体的行动赋予深刻的意义感，乃至产生一种崇高感。在本书所探讨的绿色转型过程中，受影响群体对环境治理和绿色转型的认知与理解尤为关键。他们对于自身在环境治理和绿色转型中所作出的贡献的深刻认识，构成了激发其情绪共鸣和集体认同的基础。因此，只有当民众深刻认同制度的合理性与正当性，并内化遵循相关的意义系统时，才能实现上述共鸣。鉴于此，政府有必要持续强化环境治理和绿色转型政策的宣传与推介工作，特别是在社区层面的宣传和教育活动应当得到加强。这样做的主要目的是帮助绿色转型受影响群体深入地理解相关政策，并提升其参与的积极性。同时，政府应当对绿色转型受影响群体对社会作出的贡献给予充分的肯定。绿色转型和环境治理不仅被视为国家的战略需要，更应被认作个人和社区的共同利益。通过这种全方位的参与和认可，政府能够在最大程度上获得民众的支持与参与，进而推进绿色转型和环境治理工作取得更为显著的成效。

绿色转型多元交流会在空间与时间两个维度上均起到了增强意义系统的作用。首先，在空间维度上，交流会通过将多元化的利益相关方聚集于同一物理空间，促进了集体实践的形成，使各主体在绿色转型和环境治理方面达成了集体共识。在此过程中，各利益相关方不仅探讨了其在绿色转型中扮演的角色，而且还深入阐释了个体角色与国家发展之间的不可分割性。这一过程不仅展现了个人、家庭与国家之间利益的一致性和相互依存关系，而且强化了"家国一体"的价值观，即将家庭利益与国家利益相融合的意识形态。其次，在时间维度上，跨时间的协同作用，使各社会主体在"实验室内"对环境治理和绿色转型的方向，以及自身的责任和角色产生了更深刻的认同。在这一过程中，绿色转型受影响群体亦显著增强了对环境治理和绿色转型政策的认同感和遵从感，使交流会本身成为构建集体记忆的重要场域。为了进一步巩固和扩展这些成果，建议构建一个长效协商机制，通过定期举办多元交流活动，结合各方的优势，为绿色转型受影响群体创造新的资源和机会，增强他们面对挫折和困难时的决心和对未来发展的信心。通过这样的机制，绿色转型的进程不仅将获得持续的社会支持，而且能够促进社会的整体和谐与进步，实现可持续发展的目标。

第四节 局限与不足

本书在研究的实施过程中，存在若干局限性，以下将对其进行逐一分析和阐述。

（1）研究方法的选择上存在一定的局限性。本书主要采用了质性的研究方法来探究绿色转型受影响群体抗逆力的影响因素及其作用机制。尽管质性研究在深入理解个体经验和主观感受方面具有独特的优势，但其局限性也不容忽视。具体而言，绿色转型受影响群体抗逆力的影响因素表现出显著的复杂性，这些因素不仅涉及环境治理和绿色转型相关政策的影响，还有可能涉及个体、家庭、社区等多个层面的逆境，如家庭成员健康状况的恶化、家庭变故等日常生活压力。这些逆境因素往往是多维的、长期的，并且与其他生活压力相互作用，而不仅是简单的、短期的单一刺激。尽管本书中访谈对象普遍认为"水泥厂关停/环境治理"是影响其生活的重大事件，且该事件对个体及其家庭的影响持续时间超过一年，但这并不意味着他们仅受此单一事件的影响。实际上，个体的抗逆力水平及应对策略可能受到多种复杂因素的共同作用。为了弥补这一局限性，本书尝试对重点跟踪访谈人员进行定量测量，并设计相应的定量问卷，包括重大生活事件及其影响的问卷，以及个体抗逆力水平、应对方式、个体心理健康状况的系列问卷。然而，受研究经费、人员时间等的限制，且村民对标准化问卷问题在理解和认知上存在困难，本书最终未能在所有四个调研村庄全面开展定量问卷调查。这一事实限制了我们对绿色转型受影响群体全面状况的把握。此外，国内目前尚缺乏针对绿色转型受影响群体这一近十年来新出现的群体的基线调查数据，同时，也缺少与本书关注群体相关的抗逆力研究数据库。这些数据资源的缺乏导致本书在数据支持和对比分析方面存在一定的不足。鉴于此，未来的研究应当考虑采用多元化的研究方法，结合定量与定性研究，以获得对绿色转型受影响群体更全面和深入的理解。同时，建立和完善相关群体的基线调查数据库和研究数据库，对于提高未来研究的准确性和可靠性具有重要的意义。

（2）研究对象的选择具有局限性。在研究对象的选择上，本书面临双重限制性，这些限制对于研究结果的深度和广度均产生了一定影响。首先，受限于笔者自身的精力和时间资源，本书未能涵盖更广泛的绿色转型受影响群体，进而无法对这些个体的长期社会发展轨迹进行深入的动态追踪研究。这种限制在一定程度上削弱了本书在描述和分析个体经历方面的深度，导致对于绿色转型受影响群体的研究可能仅局限于特定的个案经验，而缺乏对群体整体发展轨迹的全面把握。其次，基于研究对象自愿参与的研究伦理原则，本书在实施过程中亦面临参与度的问题。具体而言，部分跟踪对象由于自身工作时间的限制或工作强度的原因，未能全程参与研究。这种参与度的不足直接导致了研究样本量的有限性，进而可能影响研究结果的代表性和广泛性。在统计学中，样本量的充足性是确保研究结果有效性和可靠性的关键因素之一。因此，样本量的不足可能会放大或缩小某些变量的效应，导致研究结论在推广至更广泛群体时存在局限性。鉴于此，未来研究在设计阶段就应当充分考虑研究资源的配置，确保能够对目标群体进行长期且全面的追踪研究。同时，研究设计应更加灵活，以适应研究对象的工作和生活节奏，提高其参与研究的可能性，从而在一定程度上提高样本的代表性，并增强研究结果的普遍性和应用价值。

（3）研究深度存在局限性。尽管本书整合了社会生态系统理论和生态抗逆力理论，构建了针对绿色转型受影响群体的抗逆力研究理论框架，并在此基础上开展了长达六年的实证研究，但研究仍需在以下方面进行拓展、跟踪和深化：首先，为了确保研究结果的准确性、时效性和相关性，有必要对研究样本进行更长时间的跟踪调查，以观察抗逆力随时间的变化趋势。其次，研究对象应当拓展至更多样化的绿色转型受影响群体，以便更全面地理解不同人群的抗逆力特征。最后，研究对象应当深化对抗逆力形成机制和干预策略的理解，特别是要研究在不同层面、不同时期如何有效地实施干预。因此，未来研究的重要方向将是结合抗逆力这一动态和多样变化的过程，设计并实施针对性的干预策略。这不仅包括对绿色转型受影响群体的直接支持，还包括对政策制定和实施的建议，以促进社会整体的可持续发展和环境治理。

第五节　结语

总体而言，在绿色转型背景下，受影响群体的抗逆力提升是一个复杂而多维的过程，针对绿色转型受影响群体的抗逆力提升，可以通过两种主要的应对方式来实现：一是内部整合，即通过保护并利用个体的隐性优势资源，如心理资本、社会网络和传统文化知识等，以增强个体面对逆境时的抗逆力。二是外部适应，即通过提高个体对外部资源与机会的获取和驾驭能力，从而在环境变化中寻找到新的适应路径。此外，更为关键的是，通过创造一个更加有利于个体适应的环境，对逆境中的群体所处环境进行深刻和充分的"修改"。这种环境改造旨在消除那些威胁个体发展的条件和风险因素，从而为个体提供一个持续且有效的抵抗逆境和积极发展的平台。在此过程中，对环境的适应性与个体抗逆力的提升密切相关。这一过程涉及从系统的角度出发，提升个体与可及且可用资源的匹配率，解决他们在绿色转型中面临的困境。具体而言，通过改变宏观层面的外部环境支持系统，尤其是增强机会结构和意义系统的作用，可以促进个人对环境的适应。在此框架下，绿色转型多元交流会作为一种社会实践，不仅促进了受影响群体在多个层面的互动与资源整合，而且还为个体提供了一个共同参与、共同发展的平台。通过这种集体行动，可以有效地重塑个体的社会网络，增强其社会资本，进而提升整个群体的抗逆力。

Y镇绿色转型受影响群体在期待变革的同时所展现出的坚守精神，进一步凸显了外部因素在推动绿色转型过程中的必要性、重要性和紧迫性。这一现象不仅揭示了外部环境支持系统在促进绿色转型中的重要作用，也反映了受影响群体对于变革的深切渴望。深入理解绿色转型受影响群体的抗逆力特性，对于政策制定者而言，意味着能够在设计公共政策时，更加精准地把握生态系统中商品与服务的可持续性的关键要素，从而最大限度地提升政策可持续性。从政策伦理的视角出发，在制定政策措施和干预行动计划时，必须对政策执行方案进行持续优化。此外，应对环境政策实施所产生的社会成本进行深入的分析和核算，以合理分担社会成本，确保受影响群体能够得到公正的补偿与支持。在此基础上，政策制定者应精确设计针对受影响群体的社会保障制度，提供优质的服务，以最大限度地降低转型带来的社会成本，最小化连锁效应，解决受影响群体的后顾之忧。通过这些措施，能够促进社会整体的进步，提高人民的生活水平和生活质量，协助打造一个公正、和谐的绿色转型过程，为构建可持续发展的社会奠定坚实基础。

参考文献

[1] Adger W. Neil. Social and ecological resilience: Are they related [J]. Progress in Human Geography, 2000, 24 (3): 347-364.

[2] Adler N. E., Rehkopf D. H. U. S. Disparities in health: Descriptions, causes, and mechanisms [J]. Annual Review of Public Health, 2008 (1): 235-252.

[3] Aghion P., Van Reenen J., Zingales L. Innovation and institutional ownership [J]. American Economic Review, 2013 (1): 277-304.

[4] Alan H. Kwok, Emma E. H. Doyle, Julia Becker, et al. What is "social resilience"? Perspectives of disaster researchers, emergency management practitioners, and policymakers in New Zealand [J]. International Journal of Disaster Risk Reduction, 2016 (19): 197-211.

[5] Antonovsky A. The salutogenic perspective: Toward a new view of health and illness [J]. Advances, Institute for Advancement of Health, 1987 (1): 47-55.

[6] Avey J. B., Luthans F., Jensen, S. Psychological capital: A positive resource for combating stress and turnover [J]. Human Resource Management, 2009 (48): 677-693.

[7] Bandura A. Self-efficacy: Toward a unifying theory of behavioral change [J]. Psychological Review, 1977 (84): 191-215.

[8] Bonanno G. Loss, trauma, and human resilience: Have we underestimated the human capacity to thrive after extremely aversive events [J]. American Psychologist, 2004, 59 (1): 8-20.

[9] Bronfenbrenner U. The ecology of human deveopment: Experiments by nature and design [M]. Cambridge: Harvard University Press, 1979.

[10] Brown B. B. Lohr M. N. Peer-group affiliation and adolescent self-esteem: An integration of ego-identity and symbolic-interaction theories [J]. Journal

of Personality and Social Psychology, 1987 (52): 47-55.

［11］ Caldwell K. , Boyd C. P. Coping and resilience in farming families affected by drought ［J］. Rural Remote Health, 2009 (2): 1088.

［12］ Cicchetti D. , Curtis W. J. The developing brain and neural plasticity: Implications for normality, psychopathology, and resilience ［EB/OL］. https: //doi. org/10. 1002/9780470939390. cht.

［13］ Clark W. C. A transition toward sustainability ［J］. Ecology Law Quarterly, 2001 (27): 1021-1076.

［14］ Dagdeviren Hulya, M. Donoghue, M. Promberger. Resilience, hardship and social conditions ［J］. Journal of Social Policy, 2016, 45 (1): 1-20.

［15］ Davies P. T. , Cummings E. M. Interpersonal discord, family process, and developmental psychopathology ［EB/OL］. https: //doi. org/10. 1002/978047093940 6. ch3.

［16］ Dawes, A. , Donald D. Improving children's chances: Developmental theory and effective interventions in community contexts ［M］//Donald D. , Dawes A. , louw J. Addressing childhood adversity. Cape Town: David Philip, 2000.

［17］ Dovidio J. f. , Piliavin J. A. , Schroeder D. A. , et al. The social psychology of prosocial behavior ［M］. Mahwah, N. J. : Lawrence Erlbaum Associates, 2006.

［18］ Elder G. H. Children of the great depression: Social change in life experience ［M］. Chicago: Unversity of Chicago Press, 1974.

［19］ Frances M. McKee-Ryan, Zhaoli Song, Connie R. Wanberg, et al. Psychological and physical well-being during unemployment: A meta-analytic study ［J］. Journal of Applied Psychology, 2005, 90 (1): 53-76.

［20］ Ganor M. Ben -Lavy Y. Community resilience: Lessons derived from Gilo under fire ［J］. Journal of Jewish Communal Service, 2003 (Winter/Spring): 105- 108.

［21］ Garcia C. , Marks A. K. Immigrant stories: Ethnicity and academics in middle childhood ［M］. New York: Oxford University Press, 2009.

［22］ Garmezy N. , Masten A. S. , Tellegen A. The study of stress and competence in children: A building block for developmental psychopathology ［J］. Child Development, 1984, 55 (1): 97-111.

［23］ Greenberg M. T. Promoting resilience in children and youth: Preventive interventions and their interface with neuroscience [J]. Annals of the New York Academy of Sciences, 2006 (1): 139-150.

[24] Hou W. K., Law, C. C., Yin J., et al. Resource loss, resource gain, and psychological resilience and dysfunction following cancer diagnosis: A growth mixture modeling approach [J]. Health Psychology, 2010 (5): 484-495.

[25] Jaffee S. R., Caspi A., Moffitt T. E., et al. Individual, family, and neighborhood factors distinguish resilient from non-resilient maltreated children: A cumulative stressors model [J]. Child Abuse & Neglect, 2007 (3): 231-253.

[26] Kirsten Maclean, Michael Cuthill, Helen Ross. Six attributes of social resilience [J]. Journal of Environmental Planning and Management, 2013 (57): 144-156.

[27] Kostka G., Hobbs W. Local energy efficiency policy implementation in China: Bridging the gap between national priorities and local interests [J]. The China Quarterly, 2012, 211 (19): 765-785.

[28] Kumpfer K. L. Factors and processes contributing to resilience: The resilience framework [EB/OL]. https//api. semanticshdar. org/CorpusID: 149703597.

[29] Laub J. H., Sampson R. J. Shared beginnings, divergent lives: Delinquent boys to age 70 [M]. Cambridge: Harvard University Press, 2003.

[30] Lazarus R. S. Emotion and adaptation [M]. New York: Oxford University Press, 1991.

[31] Lemery-Chalfant K. Genes and environments: How they work together to promote resilience [M]//Reich J. W., Zautra A. J., Hall J. S. Handbook of adult resilience. New York: Guilford, 2010.

[32] Lerner R. M. Resilience as an attribute of the developmental system: Comments on the papers of professors Masten & Wachs [M]//B. M. Lester, A. S. Masten, B. McEwen. Resilience in children. Boston: Blackwell, 2006.

[33] Lichao Yang, Chulin Jiang. China: The economic shock of a green transition in Hebei. Transformative pathways to sustainability [M]. London: Routledge Press,2022.

[34] Luthar S. S. Resilience in delveopment: A synthesis of research across five decades [EB/OL]. https: //doi. org/10. 1002/9780470939406. ch20.

[35] Magis K. Community resilience: An indicator of social sustainability [J].

Society & Natural Resources, 2010 (5): 401-416.

［36］Margaret Gooch, Donna Rigano. Enhancing Community-scale social resilience: What is the connection between health communities and healthy waterways ［J］. Australian Geographer, 2010 (4): 507-520.

［37］Martin R. Regional economic resilience, hysteresis and recessionary shocks ［J］. Journal of Economic Geography, 2012, 12 (1): 1-32.

［38］Masten A. S. , Coastworth D. The development of competence in favorable and unfavorable environments ［J］. American Psychologist, 1998 (2): 205-220.

［39］Masten A. S. Ordinary magic: Resilience processes in development ［J］. American Psychologist, 2001 (3): 227-238.

［40］Masten A. S. Resilience in developing systems: Progress and promise as the fourth wave rises ［J］. Development and Psychopathology, 2007 (19): 921-930.

［41］McCubbin H. I. , Patterson J. M. The family stress process: The double ABCX model of adjustment and Adaptation ［M］//McCubbin H. I, Sussman M. , Patterson J. M. Social stress and the family: Advances in family stress theory and research. New York: Haworth Press, 1983.

［42］McLoyd V. C. Socioeconomic disadvantage and child development ［J］. American Psychologist, 1998 (2): 185-204.

［43］Mehmet O. Employment creation and green development strategy ［J］. Ecological Economics, 1995 (15): 11-19.

［44］Murphy L. B. , Moriarty A. E. Vulnerability, coping, and growth from infancy to adolescence ［M］. New Haven, C. T. : Yale University Press, 1976.

［45］Norris F. H. , Stevens S. P. , Pfefferbaum B. , Wyche K. F. , et al. Community resilience as a metaphor, theory, set of capacities, and strategy for disaster readiness ［J］. American Journal of Community Psychology, 2008 (41): 127-150.

［46］Rutter M. Imlications of resilience concepts for scientific understanding ［J］. Annals of the New York Academy of Science, 2006 (1): 1-12.

［47］Rutter M. Resilience in the form of adversity: Protective factors and resistance to psychiatric disorders ［J］. The British Journal of Psychiatry, 1985 (147): 598-611.

［48］Sallis J. F. , Owen N. , Fisher E. B. Ecological models of health behavior ［M］//Glanz K. , Rimer B. K. , Viswanath K. Health behavior and health education:

Theory, research, and practice. San Francisco: Jossey-Bass, 2008.

[49] Scheier M. F. , Carver C. S. Dispositional optimism and physical well-being: The influence of generalized outcome expectancies on health [J]. Journal of Personality, 1978 (55): 169-210.

[50] Schoon I. Risk and resilience: Adaptations in changing times [M]. Cambridge: Cambridge University Press, 2006.

[51] Seccombe K. "Beating the odds" versus "Changing the odds": Poverty, resilience, and family policy [J]. Journal of Marriage and Family, 2002 (2): 384-394.

[52] Seery M. D. , Holman E. A. , Silver R. C. Whatever does not kill us: Cumulative lifetime adversity, vulnerability, and resilience [J]. Journal of Personality and Social Psychology, 2010, 99 (6): 1025-1041.

[53] Simmie J. , Martin R. The economic resilience of regions: Towards an evolutionary approach [J]. Cambridge Journal of Regions, Economy and Society, 2010, 3 (1): 27-43.

[54] Ungar M. A constructionist discourse on resilience: Multiple contexts, multiple realities among at-risk children and youth [J]. Youth and Society, 2004 (3): 341-365.

[55] Ungar M. Pathways to resilience among children in child welfare, corrections, mental health and educational settings: Navigation and negotiation [J]. Child and Youth Care Forum, 2005 (6): 423-444.

[56] Ungar M. Researching culturally diverse pathways to resilience: Challenges and solutions [M]//McCubbin H. M. , Ontai K. , KeHL l. , et al. Multiethnicity and multiethnic families. Honolulu: Le'a Press, 2010a.

[57] Ungar M. The Social ecology of resilience: A Handbook of theory and practice [M]. New York: Springer, 2012.

[58] Ungar M. The social ecology of resilience: Addressing contextural and cultural ambiguity of a nascent construct [J]. American Journal of Orthopsychiatry, 2011 (81): 1-17.

[59] Ungar M. What is resilience across cultures and contexts? Advances to the theory of positive development among individuals and families under stress [J]. Journal of Family Psychotherapy, 2010b (1): 1-16.

［60］Ungar，M. Playing at being bad：The hidden resilience of troubled teens ［M］. Toronto：McClelland & Stewart，2007.

［61］Walker B.，Salt D. Resilience thinking ［M］. Washington，D. C.：Island Press.

［62］Walsh F. Traumatic loss and major disasters：Strengthening family and community resilience ［J］. Family Process，2007（46）：207-227.

［63］Walsh F. 家庭抗逆力 ［M］. 朱眉华，译. 上海：华东理工大学出版社，2013.

［64］Weissberg R. P.，Kumpfer K. L.，Seligman M. E. P. Prevention that works for children and youth：An introduction ［J］. American Psychologist，2003（58）：425-432.

［65］Werner E. E.，Smith R. S. Vulnerable but invincible：A longitudinal study of resilient children and youth ［M］. New York：McGraw-Hill，1982.

［66］Wright M. O.，Masten A. S. Resilience processes in development ［M］. Handbook of resilience in children，New York：Springer，2006.

［67］Zautra A. J.，Stuart Hall J.，Murray K. E. Resilience：A new definition of health for people and communities ［M］//Reich J. W.，Zautra A. J.，Stuart Hall J. Handbook of adult resilience. New York：Guildford Press，2010.

［68］蔡禾. 新二元：中国劳动力市场结构变迁，中国70年社会变迁与结构转型 ［J］. 探索与争鸣，2019（6）：17.

［69］陈艾，李雪萍. 脆弱性—抗逆力：连片特困地区的可持续生计分析 ［J］. 社会主义研究，2015（2）：92-99.

［70］陈蓓丽. 结构、文化和能动性：上海外来女工抗逆力研究——基于生活史的一种解读 ［D］. 上海：华东理工大学博士论文，2013：89-100.

［71］陈向明. 社会科学中的定性研究方法 ［J］. 中国社会科学，1996（6）：10.

［72］陈瑜，张宁. 孤独症患儿父母复原力的研究现状 ［J］. 儿童心理卫生，2007（5）：298-309.

［73］戴万亮，路文玲. 环保舆论压力对制造企业绿色创新能力的影响——领导环保意识与组织绿色学习的链式中介效应 ［J］. 科技进步与对策，2020（9）.

［74］戴维·迈尔斯. 社会心理学 ［M］. 北京：人民邮电出版社，2006.

［75］董志龙．面对中国转型：绿色新政［M］．北京：当代世界出版社，2012.

［76］丰立详．大同之路：转型发展绿色崛起［M］．北京：中国大地出版社，2008.

［77］冯雪芹，张静．河北省乡镇企业发展对农民非农就业影响的实证分析［J］．农业经济，2013（4）：68-70.

［78］冯跃．国外家庭抗逆力的内涵即模式研究述评［J］．首都师范大学学报（社会科学版），2014（4）：140-145.

［79］冯跃．家庭抗逆力研究：整合思潮评析［J］．首都师范大学学报（社会科学版），2017（3）：160-165.

［80］付涛．乡土社会与产业扎根——脱贫攻坚背景下特色农业发展的社会学研究［J］．北京工业大学学报（社会科学版），2019（5）：16-24.

［81］辜胜阻．创新驱动战略与经济转型［M］．北京：人民出版社，2013.

［82］郭戈英，郑钰凡．我国绿色转型动力结构形成的原因分析［J］．科技创新与生产力，2011（1）：53-54

［83］郭庆，孙建娥．从拔根到扎根：家庭抗逆力视角下失独家庭的养老困境及其干预［J］．社会保障研究，2015（4）：21-27.

［84］韩自强，辛瑞萍．从脆弱性向抗逆力转变——近年来美国灾害和风险研究热点转向［N］．中国社会科学报，2012-11-19（B01）.

［85］何平，华迎放．非正规就业群体社会保障问题研究［M］．北京：中国劳动社会保障出版社，2008.

［86］贺雪峰．论中国农村的区域差异——村庄社会结构的视角［J］．开放时代，2012（10）：108-129.

［87］贺雪峰．农民行动逻辑与乡村治理的区域差异［J］．开放时代，2007（1）：105-121.

［88］贺银凤．影响河北社会稳定的因素及政策应对［J］．河北学刊，2014（2）：185-189.

［89］胡曼，郝艳华，宁宁，等．应激管理新动向：社区抗逆力的测评工具比较分析［J］．中国公共卫生管理，2016（1）：27-29.

［90］胡曼，郝艳华，宁宁，等．中文版社区抗逆力评价表（CART）信度和效度评价［J］．中国公共卫生，2017（5）：707-710.

［91］胡雪萍．劳动力迁移理论与我国农业剩余劳动力转移［J］．宏观经济

研究，2004（5）：51-52+63.

［92］胡杨．中国农村精英研究的问题及其整合［J］．河南社会科学，2006（1）：11-15.

［93］黄海峰，李博．北京经济发展中的"脱钩"转型分析［J］．环境保护，2009（4）：23-26.

［94］黄羿，杨蕾，王小兴．城市绿色发展评价指标体系研究：以广州市为例［J］．科技管理研究，2012（17）：55-59.

［95］纪文晓．从西方引介到本土发展：家庭抗逆力研究述评［J］．华东理工大学学报（社会科学版），2015（3）：29-42.

［96］贾丽萍．非正规就业群体社会保障问题研究［J］．人口学刊，2007（7）：41-46.

［97］蒋楚麟，杨力超，谢坚，Adrain Ely. 抗逆力视角下的"绿色失业群体"研究［J］．贵州社会科学，2018（11）：135-142.

［98］金书秦，沈贵银．中国农业面源污染的困境摆脱与绿色转型［J］．改革，2013（5）：79-87.

［99］康春婷，李卫东．大数据技术在雾霾治理中的应用［J］．中国经贸导刊，2016（32）：28-30.

［100］李猛．财政分权与环境污染——对环境库兹涅茨假说的修正［J］．经济评论，2009（5）：54-59.

［101］李培林．农村发展研究的新趋势、新问题［J］．吉林大学社会科学学报，2010（1）：5-7.

［102］李平．中国工业绿色转型研究［J］．中国工业经济，2011（4）：5-14.

［103］李胜兰，初善冰，申晨等．地方政府竞争、环境规制与区域生态效率［J］．世界经济，2014（4）：88-110.

［104］李锡英．河北农村富余劳动力就业问题及对策研究［J］．河北科技大学学报（社会科学版），2005（2）：18-24.

［105］李小云，徐进，于乐荣．中国减贫四十年：基于历史与社会学的尝试性解释［J］．社会学研究，2018（6）：35-61.

［106］李智超，孙中伟，方震平．政策公平、社会网络与灾后基层政府信任度研究——基于汶川灾区三年期追踪调查数据的分析［J］．公共管理学报，2015（4）：47-57.

［107］李佐军．中国绿色转型发展报告［M］．北京：中央党校出版社，2012．

［108］梁浩，张峰，梁俊强．中国经济实现绿色转型的重要引擎——绿色建筑产业规划与发展［J］．城市发展研究，2012，19（10）：143-147．

［109］刘斌志．社会工作视域下艾滋患者的复原力研究［J］．华东理工大学学报（社会科学版），2010（3）：25-34

［110］刘纯彬，张晨．资源型城市绿色转型初探：山西省太原市的启发［J］．城市发展研究，2009，16（9）：41-47．

［111］刘芳．西方家庭抗逆力的新发展：范式演变与争论［J］．社会学研究，2018（2）：43-52．

［112］刘玢．生命历程视角下中国农民家庭的生计变迁——基于一个农民家庭37年的收支账本分析［J］．南京农业大学学报（社会科学版），2019（3）：41-56．

［113］刘桂丽，黄文博，陈培文．高速公路雾、霾净化技术研究［J］．公路交通科技，2016（2）：143-150．

［114］刘琦．财政分权、政府激励与环境治理［J］．经济经纬，2013（2）：127-132．

［115］刘延华．农村社会保障体系建设的问题及对策［J］．新西部，2018（3）：17-19．

［116］刘阳．社会生态系统理论视角下的灾害抗逆力内涵研究［J］．领导科学论坛，2017（19）：30-32．

［117］刘玉兰，彭华民．儿童抗逆力：一项关于流动儿童社会工作实务的探讨［J］．华东理工大学学报（社会科学版），2012（3）：1-8．

［118］刘玉兰．西方抗逆力理论：转型、演进、争辩和发展［J］．国外社会科学，2011（6）：67-74．

［119］芦恒，黄晓婷．家庭抗逆力视角下癌症患者家庭的医务社会工作介入研究［J］．医学与社会，2016（2）：80-82．

［120］芦恒．"抗逆力"视野下农村风险管理体系创新与乡村振兴［J］．吉林大学社会科学学报，2019a（1）：101-110．

［121］芦恒．"抗逆力"与"公共性"：乡村振兴的双重动力与衰退地域重建［J］．中国农业大学学报（社会科学版），2019b（1）：25-34．

［122］芦恒．以内生优势化解外部风险［J］．社会科学，2017（6）：71-80．

［123］芦恒．重大公共危机应对与社会韧性建构——以"抗逆性"与"公共性"为中心［J］．南开学报（哲学社会科学版），2020（5）：97-105.

［124］鲁航．我国贫困农村地区劳动力外出务工对家庭抗力的影响研究［D］．北京：北京师范大学，2010.

［125］陆铭，陈钊，王永钦．中国的大国经济发展道路［M］．北京：中国大百科全书出版社，2008.

［126］陆旸．中国的绿色政策与就业：存在双重红利吗［J］．经济研究，2011（7）：42-54.

［127］罗琪．数据挖掘技术在雾霾天气数据处理中的应用研究［J］．自动化与仪器仪表，2015（12）：12-13.

［128］马和民，1997．转引自伍海霞．家庭子女的教育投入与亲代的养老回报——来自河北农村的调查发现［J］．人口与发展，2011（1）：29-37.

［129］马文兴．我国农村城市化发展战略与乡镇企业布局［J］．西北民族学院学报（哲学社会科学版），1996（1）：41-48.

［130］马一太，代宝民．用热泵技术治理雾霾的研究［J］．供热制冷，2016（5）：60-63.

［131］毛丹．赋权、互动与认同：角色视角中的城郊农民市民化问题［J］．社会学研究，2009（4）：28-60.

［132］潘孝珍．财政分权与环境污染：基于省级面板数据的分析［J］．地方财政研究，2009（7）：29-33.

［133］彭菲，於方，马国霞，杨威杉．"2+26"城市"散乱污"企业的社会经济效益和环境治理成本评估［J］．环境科学研究，2018（12）：1993-1999.

［134］乔倩倩，贾志科．"抗逆力"研究现状述评与展望［J］．社会工作，2014（5）：140-149.

［135］秦光远，康妮，刘旭营，程宝栋．环境规制与造纸产业增长：一个文献综述［J］．产业经济评论，2019（3）：102-112.

［136］秦立建，陈波．医疗保险对农民工城市融入的影响分析［J］．管理世界，2014（10）：91-99.

［137］渠敬东，周飞舟，应星．从总体支配到技术治理——基于中国30年改革经验的社会学分析［J］．中国社会科学，2009（6）：104-127.

［138］申萌，王叶．节能减排的就业结构优化效应：一个文献综述［J］．首都经济贸易大学学报（双月刊），2018（6）：54-61.

［139］申晓梅．非正规就业的保障制度创新［J］．中国劳动，2006（2）：25-26.

［140］申晓梅．就业弱势群体与就业保障援助［J］．财经科学，2003（4）：70-73.

［141］沈瑾．资源型工业城市转型发展的规划策略演技：基于唐山的理论与实践［D］．天津：天津大学，2011.

［142］师海玲，范燕宁．社会生态系统理论阐释下的人类行为与社会环境——2004 年查尔斯·扎斯特罗关于人类行为与社会环境的新探讨［J］．首都师范大学学报（社会科学版），2005（4）：94-97.

［143］孙晶，王俊，杨新军．社会生态系统恢复力研究综述［J］．生态学报，2007（12）：5371-5381.

［144］孙瑞琛，刘文婧，贾晓明．"5.12"汶川地震后抗逆力的个案研究——来自精神分析视角［J］．北京理工大学学报（社会科学版），2010（5）：153-156.

［145］孙毅，景普秋．资源型区域绿色转型模式及其路径研究［J］．中国软科学，2012（12）：152-161.

［146］唐雪梅．城市贫困家庭青少年应对困境的能力建设——基于抗逆力的视角［J］．现代妇女（下旬），2014（10）：38-39.

［147］田国秀，李冬卉．激活抗逆力：教师增能赋权的路径选择［J］．华南师范大学学报（社会科学版），2019（3）：58-64.

［148］田国秀，邱文静，张妮．当代西方五种抗逆力模型比较研究［J］．华东理工大学学报（社会科学版），2011（4）：9-19.

［149］田国秀．从"问题视角"转向"优势视角"——挖掘学生抗逆力的学校心理咨询工作模式浅析［J］．中国教育学刊，2007（1）：14-18.

［150］田国秀．力量与信任：抗逆力运作的两个支点及应用建议——基于98 例困境青少年的访谈研究［J］．中国青年研究，2015（11）：78-83+72.

［151］同雪莉，卢丹洋．超越弹性：抗逆力研究的生态论演进［J］．人类工效学，2018（4）：81-86.

［152］同雪莉．高抗逆力的家庭结构与生效机制研究［J］．社会工作与管理，2020a（1）：42-52.

［153］同雪莉．高危青少年抗逆力模式干预研究［J］．社会科学研究，2020b（5）：130-138.

［154］同雪莉．抗逆力叙事：本土个案工作新模式［J］.首都师范大学学报（社会科学版），2015（1）：126-134.

［155］同雪莉．留守儿童抗逆力生成机制及社工干预模式研究［J］.学术研究，2019（4）：64-71.

［156］王博，朱玉春．论农民角色分化与乡村振兴战略有效实施——基于政策实施对象、过程和效果考评视角［J］.现代经济探讨，2018（5）：124-130.

［157］王庆妍，田国秀，马振玲，等．家庭调整与适应的抗逆力模型核心概念的本土化研究［J］.护理研究，2021（12）：2200-2204.

［158］王然．抗逆力的跨文化研究［J］.首都师范大学学报（社会科学版），2015（2）：120-130.

［159］王汝志．非正规就业农民工的养老保险需求实证分析——基于深圳地区的调研数据［J］.特区经济，2012（1）：46-48.

［160］王雁飞，朱瑜．心理资本理论与相关研究进展［J］.外国经济与管理，2007（5）：32-39.

［161］王勇，俞海，张永亮，等．中国环境质量拐点：基于 EKC 的实证判断［J］.中国人口·资源与环境，2016，26（10）：1-7.

［162］王玉华．中国乡镇企业的空间分布格局及其演变［J］.地域研究与开发，2003（1）：26-30.

［163］王跃生．转引自伍海霞．家庭子女的教育投入与亲代的养老回报——来自河北农村的调查发现［J］.人口与发展，2011（1）：29-37.

［164］魏爱春．家庭抗逆力研究回顾与本土化发展趋势展望［J］.社会科学动态，2017（11）：75-79.

［165］魏后凯，张燕．全面推进中国城镇化绿色转型的思路与举措［J］.经济纵横，2010（9）：15-19.

［166］文军．农民市民化：从农民到市民的角色转型［J］.华东师范大学学报，2004（3）：55-61.

［167］吴要武．非正规就业者的未来［J］.经济研究，2009（7）：91-106.

［168］武晓雯．非正规就业群体社会保障研究：文献综述与研究展望［J］.新疆农业经济，2018（7）：86-92.

［169］席居哲，森标，左志宏．心理弹性（Resilience）研究的回顾与展望［J］.健康心理学杂志，2002（6）：995-977.

［170］席居哲，曾也恬，左志宏．中国心理弹性思想探源［J］.心理学报，

2006，38（1）：126-134.

［171］夏少琼．残疾人家庭抗逆力与创伤康复研究——基于残疾儿童家庭个案［J］．残疾人研究，2014（1）：28-31.

［172］谢明．公共政策概论（第2版）［M］．北京：中国人民大学出版社，2018.

［173］徐沛勣．环境治理条件的绩效评估：文献综述与引申［J］．重庆社会科学，2016（12）：116-122.

［174］徐慊，郑日昌．国外复原力研究进展［J］．心理治疗与咨询，2007（6）：424-427.

［175］许成钢．政治集权下的地方经济分权与中国改革［M］//青木昌彦，吴敬琏．从威权到民主：可持续发展的政治经济学．北京：中信出版社，2008.

［176］薛钢，潘孝珍．财政分权对中国环境污染影响程度的实证分析［J］．中国人口·资源与环境，2012（1）：77-83.

［177］燕晓飞．非正规就业劳动力的教育培训研究［M］．北京：经济科学出版社，2009.

［178］燕晓飞．中国非正规就业增长的新特点与对策［J］．经济纵横，2013（1）：57-60.

［179］阳毅，欧阳娜．国外关于复原力的研究综述［J］．中国临床心理学杂志，2006（5）：539-541.

［180］杨春娟．村庄空心化背景下乡村治理困境及破解对策——以河北为分析个案［J］．河北学刊，2016（6）：204-208.

［181］杨立华．公共管理定性研究的基本路径［J］．中国行政管理，2013（11）：100-105.

［182］杨瑞龙，章泉，周业安．财政分权、公众偏好和环境污染——来自中国省级面板数据的证据［Z］．中国人民大学工作论文，2007.

［183］杨印山，杨江文．河北省农村劳动力素质内涵分析［J］．产业与科技论坛，2008（2）：67-68.

［184］姚进宗，邱思宇．家庭抗逆力：理论分辨、实践演变与现实镜鉴［J］．人文杂志，2018（11）：116-128.

［185］叶贵仁，陈燕玲，欧阳航．乡镇政府作风转变如何影响政府信任——官民关系与满意度的中介效应［J］．华南理工大学学报（社会科学版），2020（1）：1-10.

［186］于肖楠，张建新．韧性（resilience）——在压力下复原和成长的心理机制［J］．心理科学进展，2005（5）：658-665.

［187］俞雅乖．我国财政分权与环境质量的关系及其地区特性分析［J］．经济学家，2013（9）：60-67.

［188］袁丽蓉，黑蕊泽，戴溥之．河北农村社区建设的困境和对策［J］．经济论坛，2018（9）：95-98.

［189］扎斯特罗，阿什曼．人类行为与社会环境（第6版）［M］．师海玲，范燕宁，译．北京：中国人民大学出版社，2006.

［190］张彩云，王勇，李雅楠．生产过程绿色化能促进就业吗——来自清洁生产标准的证据［J］．财贸经济，2017，38（3）：16.

［191］张和清．全球化背景下中国农村问题与农村社会工作［J］．社会科学战线，2012（8）：175-185.

［192］张凌云，齐晔．地方环境监管困境解释［J］．中国行政管理，2010（3）：93-97.

［193］张萍，杨祖婵．近十年来我国环境群体性事件的特征简析［J］．中国地质大学学报（社会科学版），2015（2）：53-61.

［194］张生玲，李跃．雾霾社会舆论爆发前后地方政府减排策略差异——存在舆论模式或舆论政策效应吗［J］．经济社会体制比较，2016（3）：52-60.

［195］张姝玥，王芳，许燕，等．汶川地震灾区中小学生复原力对其心理状况的影响［J］．中国特殊教育，2009（5）：51-55.

［196］张晓．中国环境政策的总体评价［J］．中国社会科学，1999（3）：88-99.

［197］张秀兰，张强．社会抗逆力：风险管理理论的新思考［J］．中国应急管理，2010（3）：36-42.

［198］张学东．非正规就业农民工的权益保障问题探讨——以S市非正规就业农民工为例［J］．农业经济，2014（10）：52-54.

［199］赵西西，孙霞，王雪芳，等．家庭复原力的研究进展及其对危机家庭的护理启示［J］．中华护理杂志，2015（11）：1365-1368.

［200］郑彬，赫艳华，宁宁，等．四川省应对风险灾害社区抗逆力水平TOPSIS法分析［J］．中国公共卫生，2017（5）：699-702.

［201］郑杭生．农民市民化：当代中国社会学的重要研究主题［J］．甘肃社会科学，2005（4）：4-8.

［202］郑庆杰．"主体间性——干预行动"框架：质性研究的反思谱系［J］.社会，2011（5）：148-163+245.

［203］中国社会科学院工业经济研究所课题组．中国工业绿色转型研究［J］.中国工业经济，2011（4）：5-14.

［204］钟晓华．遗产社区的社会抗逆力——风险管理视角下的城市遗产保护［J］.城市发展研究，2016（2）：23-29.

［205］周飞舟．从脱贫攻坚到乡村振兴：迈向"家国一体"的国家与农民关系［J］.社会学研究，2021（6）：1-22.

［206］周飞舟．回归乡土与现实：乡镇企业研究路径的反思［J］.社会，2013（3）：39-50.

［207］周飞舟．行动伦理与关系社会——社会学中国化的路径［J］.社会学研究，2018（1）：41-62.

［208］周黎安．中国地方官员的晋升锦标赛模式研究［J］.经济研究，2007（7）：36-50.

［209］周文娇，高文斌，孙昕霙，等．四川省流动儿童和留守儿童的心理复原力特征［J］.北京大学学报（医学版），2011（3）：386-390.

［210］周小燕．非正规就业者的社会保障问题［J］.社科纵横，2005（1）：93-117.

［211］周振华．创新驱动转型发展——2010/2011年上海发展报告［M］.上海：格致出版社，2011

［212］朱爱华．抗逆力视角下新型农村社区社会组织培育［J］.社会福利（理论版），2016（12）：1-4.

［213］朱华桂．论风险社会中的社区抗逆力问题［J］.南京大学学报（哲学·人文科学·社会科学版），2012（5）：47-53.

［214］朱华桂．论社区抗逆力的构成要素和指标体系［J］.南京大学学报（哲学·人文科学·社会科学版），2013（5）：68-74.

［215］朱启臻．乡村振兴背景下的乡村产业——产业兴旺的一种社会学解释［J］.中国农业大学学报（社会科学版），2018（3）：89-95.

［216］朱远．城市发展的绿色转型：关键要素识别与推进策略选择［J］.东南学术，2011（5）：40-50.

［217］卓彩琴．生态系统理论在社会工作领域的发展脉络及展望［J］.江海学刊，2013（3）：113-119.